总主编　褚君浩

"科学起跑线"丛书

你好！机器人

Hi !

Robots

李桂琴　编著

U0397627

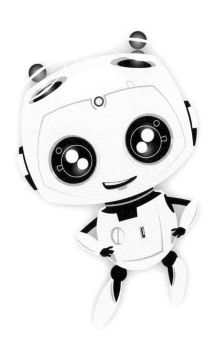

上海教育出版社
SHANGHAI EDUCATIONAL
PUBLISHING HOUSE

丛书编委会

主　任：褚君浩

副主任：缪宏才　张文宏

总策划：刘　芳　张安庆

编　委：（以姓氏笔画为序）

科学就是力量，推动经济社会发展。

从小学习科学知识、掌握科学方法、培养科学精神，将主导青少年一生的发展。

生命、物质、能量、信息、天地、海洋、宇宙，大自然的奥秘绚丽多彩。

人类社会经历了从机械化、电气化、信息化到当代开启智能化的时代。

科学技术、社会经济在蓬勃发展，时代在向你召唤，你准备好了吗？

"科学起跑线"丛书将引领你在科技的海洋中遨游，去欣赏宇宙之壮美，去感悟自然之规律，去体验技术之强大，从而开发你的聪明才智，激发你的创新动力！

这里要强调的是，在成长的过程中，你不仅要得到金子、得到知识，还要拥有点石成金的手指以及金子般的心灵，也就是培养一种方法、一种精神。对青少年来说，要培养科技创新素养，我认为八个字非常重要——勤奋、好奇、渐进、远志。勤奋就是要刻苦踏实，好奇就是要热爱科学、寻根究底，渐进就是要循序渐进、积累创新，远志就是要树立远大的志向。总之，青少年要培育飞翔的潜能，而培育飞翔的潜能有一个秘诀，那就是练就健康体魄、汲取外界养料、凝聚驱动力量、修炼内在素质、融入时代潮流。

本丛书正是以培养青少年的科技创新素养为宗旨，涵盖了生命起源、物质世界、宇宙起源、人工智能应用、机器人、无人驾驶、智能制造、航海科学、宇宙科学、人类与传染病、生命与健康等丰富的内容。让读者通过透视日常生活所见、天地自然现象、前沿科学技术，掌握科学知识，激发探究科学的兴趣，培育科学观念和科学精神，形成科学思维的习惯；从小认识到世界是物质的、物质是运动的、事物是发展的、运动和发展的规律是可以掌握的、掌握的规律是可以为人类服务的，以及人类将不断地从必然王国向自由王国发展，实现稳步的可持续发展。

本丛书在科普中育人，通过介绍现代科学技术知识和科学家故事等内容，传播科学精神、科学方法、科学思想；在展现科学发现与技术发明的成果的同时，展现这一过程中的曲折、争论；并通过提出一些问题和设置动手操作环节，激发读者的好奇心，培养他们的实践能力。本丛书在编写上，充分考虑青少年的认知特点与阅读需求，保证科学的学习梯度；在语言上，尽量简洁流畅，生动活泼，力求做到科学性、知识性、趣味性、教育性相统一。

本丛书既可作为中小学生课外科普读物，也可为相关学科教师提供教学素材，更可以为所有感兴趣的读者提供科普精神食粮。

"科学起跑线"丛书，带领你奔向科学的殿堂，奔向美好的未来！

褚君浩

中国科学院院士

2020 年 7 月

我对机器人最深刻的印象来自科幻电影《异形》。

《异形》里的机器人外表和行为都跟真人一样，这是科幻故事里常见的机器人形象。这个延续了近半个世纪的系列电影中有些有趣的设定：1979 年的《异形 1》中的科学家是一个使命高于人命的机器人，让船员带危险的外星生物回地球也是他使命的一部分。1986 年的《异形 2》中的机器人"主教"是个正面角色，竭力帮助大家脱困，他只身犯险，临行前说了一句"我虽然是机器人但我不傻"，竟然有些令人感动。1995 年的《异形 4》中的美女机器人在和人类并肩战斗的过程中开始产生身份认同上的纠结，出现了使命之外的独立思考。2012 年和 2017 年的《异形》前传《普罗米修斯》和《契约》中的机器人大卫，在他的主人死了以后成了自由的灵魂，并模仿人类的创造者，开始了创造生命的行为。

虽然机器人只是配角，但是《异形》系列电影已经准确提出了机器人"在想什么"和"该做什么"的哲学问题。对于刚接触机器人的读者来说，可能更关心的是机器人"能做什么""怎么做"和"我怎么让它去做"的问题。这些基础问题解决之后自然会引出高级问题。你会发现，曾经的科幻离我们越来越近。

本书针对后三个问题，给出了通俗易懂的答案，书中告诉我们，当制作机器人"钱不是问题"的时候，我们能干些什么。这本书也为前两个问题预留了思考的空间，至少它们不再像科幻一样完全是另一个世界的话题。

科幻故事对机器人的险恶作了很多渲染，但这并不影响机器人用"超能力"服务人类。其实机器人危害人类很大程度上是因为人类不了解它——不要以为把机器人拆解到机器零件和程序代码就算了解它了，事实远非如此。机器人是"活"的，它要跟现实世界中的各种事物打交道，包括人还有它的同类。当机器人深入人类社会后，它本身就成了社会的一部分，有时一个简单的行为会激荡出无法预测的后果。弄清这些不仅是机械、电子、计算机等学科的任务，机器人的发展程度越高，越需要社会学、符号学、行为学甚至美学等偏"软"的学科参与，每一个"路人甲"读者都有可能参与其中。

机器人发展和普及的速度远超我们的想象。退回 20 年前，现在的智能手机在当时看起来都很科幻，但是现在我们早已习惯于这种加速发展的科技。我想，不用等到下一个 20 年结束，中学生就都有能力组装自己的陪聊伙伴了，就像《星球大战》里的话唠机器人 C-3PO。

当技术逐渐平民化和大众化，想象力就变成了稀缺资源。

我作为一个本科学机械、硕士学计算机、博士学工业设计的人，对机器人的各类技术都很亲切，我的学科转换过程几乎就是机器人技术核心的转移过程：开始机械是核心，随着机器人手脚的成熟，眼睛和大脑变得更重要了，于是传感器、数据处理、软硬件控制成为研究热点，现在机器人面对复杂环境需要自主决策（如自动驾驶），于是人工智能等相关学科纷纷介入，哲学、伦理学也开始登场。面对"造"机器人的任务，以前我们觉得弄懂技术最重要，现在我们则发觉应该先弄懂"人"，这让机器人这门学问变得越来越生活化。要做出有用又好玩的机器人，比拼的不是技术，而是创意，以及对真实生活方式的洞察和预测。

那么，应该怎样"使用"这本书呢？

本书第一章介绍了机器人的前世今生，可以对机器人有一个整体了解；第二章告诉我们机器人的各种用途，能让我们发挥自己的想象力，找出它们更多的用武之地；第三章把机器人"大卸八块"，看看它的结构、材料，以及如何动起来；第四章了解机器人的大脑如何进行思考和决策，介绍了软件和智能技术。讲解完高精尖的科技内容后，实践拓展中给出三个简单案例，指导读者从零开始动手做一个简单的机器人——虽然简单，但五脏俱全。这个门槛跨过去之后，一扇通向新世界的大门将为我们打开。

现在，我们可以网购到制作机器人的各种零部件和软硬件工具，价格相当平民化，谁都玩得起。你会发现，对"制作机器人"这项工作，当一切需要花钱的问题都不再是问题时，各种机械零件、处理器、传感器、开发工具都可以很方便地买到，甚至用小朋友玩的乐高积木也能搭建出智力水平不低的机器人，剩下的就是不花钱但费脑子的工作了——展开想象、设计功能、编写代码。

其实，这本不厚的书最大的用途还是打消读者对机器人的神秘感和距离感。如果你读完这本书后，按捺不住，马上就想动手做一个自己的机器人，那么，恭喜你赚回书款了。

刘肖健

浙江工业大学工业设计研究院教授

2020 年 6 月

把幻想变为现实

我们要机器人做什么

你将了解：

机器人的神奇功能

为什么人类着迷于机器人的创造和发展

力量增强和认知拓展

有史以来，人们都在幻想着制造出一种能够独自动作的东西或者像人一样的机器，以便替人类完成各种工作。像人类曾利用家畜来改善生活条件、提高产品质量一样，对人们不愿意做的、做不了的、脏的、单调烦人的、危险的工作，如果使用机器人来完成，无论叫它做多少工作，它也不知疲倦，它更不会像人那样发牢骚，这不就是人类真正的福音吗？从使用杠杆开始，机械就增强了人类的能力，随后在种植和收获庄稼、开发自然资源的活动中，机械大幅取代了人类的体力劳动；从使用笔开始，一系列工具辅助并替代了人类的脑力劳动，一个高中生借助计算器就可以在简单运算上完胜博士。机器人同时结合了这两种人类辅助和增强技术，既包括力量的增强，又包括认知能力的扩展。

做人类"做不到"的事情

现实的机器人，已经可以达到代替人的胳膊、眼睛、耳朵等感觉器官的程度。受人们欢迎的工业机器人就可以称为"有胳膊、有眼睛的机械",如装卸机器人可以把工人们从单调、笨重的装卸工作中解放出来,特殊的机器人手爪可以夹持温度很高或很低的物体,而人类的手则做不到。人类不断向新的科学领域进军,研制出各种机器人,如探索宇宙的空间机器人,探测海洋的海洋机器人,等等。

巧变"千面手"

与其他自动机相比,工业机器人的主要优点是它的灵活性,稍加调整就可以完成各种不同的工作。比如,用于压瓶盖的自动机除了压瓶盖,其他什么也干不了,如果生产要求发生了变化,成千上万台专用自动机不是被淘汰就是需要巨资来改装。而机器人就用不着这样,它只要更换一下程序和终端装置就可以了。比如,机器人这周给汽车喷漆,下周就可以搞电焊,今天包装产品,明天就可以把这些产品装上车。

使用机器人的理由有很多。机器人与其他自动化设备的主要区别之一是机器人的功能很容易变更或改进,只需要修改软件,而不必重新制造专用工具。机器人总是以相同的方式完成工作,产品质量是稳定的;机器人能够承担危险而单调的工作,使人的工作条件得到改善;机器人很少生产因人的疲劳或厌烦而造成的废品(减少生产废品),从而降低了生产费用;机器人特别适合在作战或危险环境下工作,如在外太空或海底。最后,同机器人打交道也很有趣,它为包括业余爱好者到最高级的机器人设计师在内的每一个人提供了大展宏图的机会。机器人不仅会成为我们长久梦寐以求的"理想仆人",而且也将是神奇的机器,甚至发展为陪伴人类的朋友。

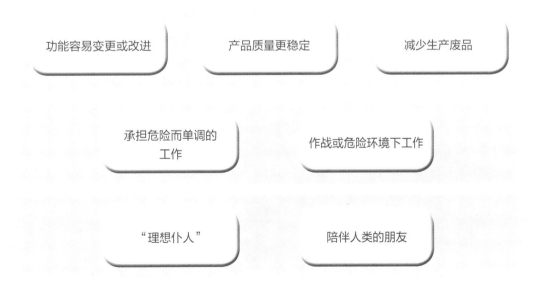

古代"机器人"传说

你将了解：

古人们制造的神奇"机器人"

机器人的第一个零件是如何诞生的

古时候的"机器人"

你可能会好奇，古代怎么可能会有机器人呢？其实，如果从广义上讲，机器人是指能自动完成某种任务或功能的人造物。从这个层面来看，古代已经有很多我们意想不到的成果。

我国最早记载具备"机器人"概念的文字资料，是西周时期的能工巧匠偃师，研制出能歌善舞的伶人。据《墨经》记载，春秋后期著名的木匠鲁班，曾制造过一只木鸟，能够在空中飞行三天不落下来。1800 年前的东汉时代，张衡发明了记里鼓车，每行走一里，车上的木人击鼓一下，每行十里，击钟一下。三国时期，诸葛亮成功地制造了"木牛流马"，用其运送粮草，并用其中的机关"牛舌头"巧胜司马懿，被后人传为佳话。"木牛流马"虽已失传，但其明显具有机器人的功能和结构。这些都体现了我国劳动人民的聪明才智。

后人模仿的"木牛流马"结构图

古时候的人们所做出的成就经常会超出我们想象的范围。在公元前 350 年左右，古希腊数学家阿契塔制造出了"鸽子"，一个通过蒸汽驱动的机械鸟，用它进行了第一次飞行研究，这可能是世界上第一架飞机模型。在一艘公元前 100 年左右的古希腊沉船的遗骸中，有一个和一台手提电脑差不多大的小盒子，里面安装了 37 个齿轮，将某个日期输入进去，它可以计算出太阳、月亮和其他行星的位置。很多人认为，它是世界上目前所知的第一台机械模拟计算机。

机器人第一个零件的诞生

人类总是努力要把幻想变为现实，因此，也有一些人总想把关于机器人的幻想变为现实。在技术不像今天这么进步的古代，尽管被称为"机器人"，但是离能够完全自动完成某种任务或实现某种功能还有很大的距离，更多是些玩具之类供人观赏的东西。

杠杆的发明意味着机器人身上第一个零件的诞生，杠杆用很小的力就能搬动很重的物体，将杠杆相互连接起来就变成了连杆，这样就构成了机器人的骨骼——支架。古代人的另一个发明是斜面，像凸轮、螺纹及轴承都是由斜面变换而来并应用在机械中。后来，机械时钟制造出来了，钟表是人类在技术上最完美的创造物之一。当时，人们因为制造时钟，学会了使用齿轮的方法，这也是后来发明和改进各种机器的根源。到了 20 世纪 30 年代，在展览会上已经能见到一些简单的、比较漂亮的机器人，它们能做一些诸如站起来、坐下去、走几步的动作。比如，机器人伊莱克托会跳舞，数数字能数到 10，而且会夸耀自己和其他机器人的生产商。

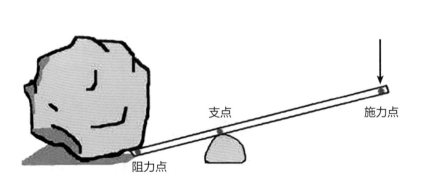

杠杆用很小的力就能搬动很重的物体

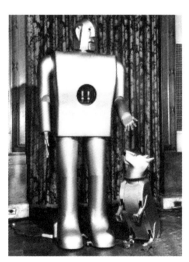

跳舞的机器人伊莱克托和
小机器狗斯巴科

科幻作品的启发

你将了解：

"机器人"一词的来源

历史上与机器人相关的科幻作家

机器人三定律

历史发展中一些有代表性的机器人

"机器人（Robot）"一词的由来

　　"机器人（Robot）"一词是 1920 年由捷克剧作家、科幻文学家和童话寓言家卡雷尔·恰佩克（Karel Capek，1890—1938）在他的剧本《罗素姆的万能机器人》中最早提出的。剧中描述了一个与人类相似，但能不知疲倦工作的机器仆人 Robot。继恰佩克之后，机器人成为很多科幻电影和科幻小说的主人公，像电影《星球大战》中的机智、勇敢而又鲁莽的宇航技工机器人 R2D2 和多愁善感的礼仪机器人 C-3PO，使人们加深了对机器人具有与人类一样的外形、情感这种看法。然而，要制造出一台机器人并不容易，仅仅是让机器模拟人类的行走动作，科学家们就要付出数十甚至上百年的努力。

机器人 Robot

卡雷尔·恰佩克

机器人学三大定律

在谈到机器人的错与对时，影响最深远的作家是艾萨克·阿西莫夫，他写了很多关于人形机器人的小说，他于 1942 年在科幻小说《我，机器人》(I, Robot)中创造了"机器人学"这一术语，他是这个现代学科和工程学科的命名者。他在《我，机器人》(后来被改编成电影，也叫《机械公敌》)一书中提出了"机器人学三大定律"，并以此作为"机器人守则"，这已经成为机器人伦理讨论的基本点。在后期的小说中，阿西莫夫又加上了"零定律"，凌驾于三大定律之上。

零定律

机器人不得伤害人类的整体利益，或坐视人类的整体利益受到伤害。

第一定律

机器人不能给人带来危害，即使遇到来自人的危险也不能危害人。

第二定律

在不违背第一定律的条件下，机器人必须服从于人。

第三定律

在不违背第一、第二定律的条件下，机器人遇到危险可捍卫自己。

守则中各项规定归根到底就是一句话：机器人只能作为人类的工具，而决不能凌驾于人类之上。现在对上面的定律还存在一些争议，已经有人专门研究机器人伦理学。比如，很多时候人类的总体利益很难统一起来，甚至有时候会有冲突。随着机器人技术的进步，需要更多人文的思考和贡献。

《我，机器人》中的机器人

艾萨克·阿西莫夫

每一个机器人学家都牢记着阿西莫夫的"机器人学三大定律"。比如，日本就办公及家用机器人的设计制定了一系列规定：每一个机器人都应配有一些传感器，以防意外撞伤人类；接触点处应使用更加柔软的材料制作；应设有紧急制动按钮。

作为机器人自我保护的例子，塔夫斯大学曾经进行过这样一个实验。实验人员故意对一个智能机器人下达不合理的命令——把机器人放在狭小的桌子上，命令它前进。这时，机器人并没有前进，而是回答说："抱歉，我无法前进。前进会掉下去。"机器人通过自身的判断拒绝了指令。然而，如果加上"你走到桌子尽头的时候，我会接住你"这样的条件，状况就改变了。机器人回答"OK"，然后就开始启动了。

放在狭小桌子上的智能机器人

前进指令　　　　　　　你走到桌子尽头的时候，我会接住你。

抱歉，我无法前进。前进会掉下去。　　　　　OK（启动）

科幻作品为什么会流行

科幻作品流行范围广、影响大的部分原因在于其以惊人的准确度预示了很多现实世界中的技术，也预知了这些技术带来的困境。被称为"科幻小说之父"的 H.G. 威尔斯 1866 年出生于英国，他写的故事预言了 21 世纪各式各样的技术，比如，他预测了计算机、录影机、电视，甚至高速公路，这些东西对于当时的人们来说几乎是无法想象的。唯一能和威尔斯相提并论的是儒勒·凡尔纳，凡尔纳被称为"发明了未来的人"，出生于 1828 年的他写的很多作品都十分超前，比如在大型潜艇诞生很久以前，他就写了《海底两万里》。在 1863 年，凡尔纳预测到，未来将会有由玻璃制成的摩天大楼、由汽油供给能量的汽车、计算器、全球范围内的通信，甚至有电子音乐。要知道在凡尔纳写作的那个时代，电灯泡都还没有被发明出来。

在整个 20 世纪，科幻作品已延伸到电影和电视领域。科幻作品之所以能如此准确地预测未来，这背后不无原因。很多科幻作家本身就是科学家，因此他们有能力在科学原则的范围内推断未来。例如，阿瑟· C. 克拉克与艾萨克·阿西莫夫、罗伯特·海因莱因（被誉为"美国现代科幻小说之父"）并称为 20 世纪三大科幻小说家，他不仅构想出了一个智能计算机的世界，还是现实世界中的国际通信卫星的奠基人。科幻作家经常能做出正确的预测，这是因为他们所写的是他们最懂的东西。

H.G. 威尔斯

儒勒·凡尔纳

阿瑟· C. 克拉克

罗伯特·海因莱因

你好！机器人

《星际迷航》

科幻不仅预测未来而且还会激发现实世界的变革。科幻作品提供了梦想，工程师把它们变为现实。科幻电影中的想法给一代代孩子留下了深刻的印象，后来，一些孩子成了科学家，他们决定让这个世界拥有那些他们曾经在最喜欢的影视节目中看到的、最喜欢的英雄使用的技术。20世纪60年代受《星际迷航》的启发，马丁·库伯发明了手机；斯坦福大学医学院的约翰·阿德勒发明了伽马刀，它能通过向肿瘤内部发送射线来实施外科手术，这彻底颠覆了医疗领域；罗伯·汉塔尼发明了掌上电脑个人数字助理；史蒂夫·帕尔默发明了一种能储存和播放电子音频和视频文件的软件程序，这也使 iPod 和其他可携带式数码音乐播放器成为可能。

科幻电影中的机器人

日本科幻作品中第一个受欢迎的机器人角色是铁臂阿童木，阿童木是一个可爱的少年，可以从它的靴子底下和双臂下面喷射气体，以二十倍音速的高速遨游太空。阿童木装有十万马力的原子能发动机，具有相当于人一千倍的听觉，还带有探照灯式的眼睛和能说六十种语言的发音装置，是一个为人类的幸福和世界的和平而与邪恶势力做斗争的正义伙伴。1977 年，R2D2 和 C-3PO 出现在乔治·卢卡斯执导的影片《星球大战》之中，它们对人类都十分友好，可以说，这两个勇敢机器人的名声在现代文化中最为响亮。科幻电影《机械姬》里出现了拥有自我意识的机器人。

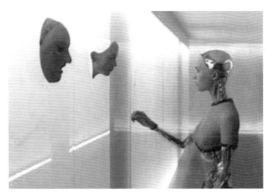

电影《机械姬》中的智能机器人艾娃

R2D2 和 C-3PO

铁臂阿童木

　　迪士尼动画《超能陆战队》中的机器人大白，是一个体型胖胖的、有着呆萌外表和善良本质的充气医疗机器人。大白可以通过快速扫描检测出生命指数，并且根据疼痛程度治疗疾病。《机器人总动员》中地球上的清扫型机器人瓦力是一款太阳能机器人，当出现故障时，会从其他报废机器人身上获取替换零件，它后来开始具有自我意识。奥斯卡最佳短片《更换电池》中的小机器人会做所有的家务，像人类的孩子一样陪伴照顾老人。这些角色通过先进的技术与对爱和善的传递，打动了观众的心。

大白

你好！机器人

瓦力和伊娃

科学最伟大的进步是由崭新的大胆的想象力所带来的。

——［美］约翰·杜威

在科幻作品里，机器人会驾驶宇宙飞船，会看护儿童，还会与人类争霸星系。而在现实世界里，机器人却只能做诸如给汽车喷漆、焊接或搬运放射性物质之类的具体工作。我们并不需要与人类争斗的机器人，我们只需要那些帮助我们工作得更快、更有效的机器人，以使人类能够享受更美好的生活。我们学习机器人和开发机器人性能的目的，是要开创一个机器为人类服务而不是人为机器服务的社会。

 想一想

在你看过的科幻小说或科幻电影中，你最喜欢的作品和人物是什么？有没有什么东西是你未来想创造或想拥有的？

百变机器人

你将了解：

机器人的定义

机器人都是什么样的

生产和生活中无处不在的机器人

机器人的定义

　　机器人学是一门不断发展的科学，对机器人的定义也随着机器人的发展而变化，目前国际上对于机器人的定义纷繁复杂，科学家在"什么是机器人"这个问题上还难以达成共识。简单来说，对机器人的定义一般有广义和狭义之分。广义的机器人是指能够自动完成某种任务或功能的人造物，从这个意义上说，手表、飞机、电话等都可以认为是机器人。狭义的机器人是指高级整合材料、机械、电子、计算机、传感器、控制、人工智能等技术的复杂自动机器。在理解狭义的机器人时需要注意，虽然说是"自动"，但是很多机器人是离不开人的，需要人的密切配合，比如"达芬奇"手术机器人就需要有外科医生的控制辅助。

　　有些电脑程序甚至也被称为机器人，如爬虫机器人（或称为"网络蜘蛛"）是互联网信息采集器，如果把互联网比喻成一个蜘蛛网，那么爬虫机器人就是在网上爬来爬去的"蜘蛛"。

广义

能够自动完成某种任务或功能的人造物。

狭义

高级整合材料、机械、电子、计算机、传感器、控制、人工智能等技术的复杂自动机器。

机器人都像人吗

提到机器人，人们常常想到的是人形机器，它们的外形像人、行为像人、动作也像人，可以做很多人类做的事情。其实，机器人可以是人形的也可以是其他各种形式的，并且目前大部分的机器人从外形上看并不像人类。这是因为人类的身体已经进化得可以独立地做好很多事情，能够处理大量的、复杂的事情，而机器人则不同，它们只是被设计成能完美地从事某种或某几种

很多机器人的内部构造非常复杂，这使它们干活干得比人要完美得多，给人类社会和经济发展创造了重大价值。在第二章中会具体介绍各式各样的机器人。

计算机"深蓝"击败世界国际象棋大师

工作，也就是说，通常只需要它们做有限的几类事，因此，很多时候不需要费劲地做一些人形的智能机器人。比如，击败国际象棋大师的"深蓝"机器人就是一台计算机，它的计算速度很快，但是它连拿起一颗真实的棋子都做不到，而会搬运东西的机器人，又完全不会下棋。

无处不在的机器人

机器人是自动执行工作的机器装置，它既可以接受人类指挥，又可以运行预先编排的程序，也可以根据以人工智能技术制定的原则行动。你发现现在机器人已经无处不在了吗？

首先，机器人已经在很多场合代替人类的体力劳动。机器人可以做一些重复性高或是危险、人类不愿意从事的工作；可以做一些因为环境条件限制，人类无法做的工作，包括外太空或深海等不适合人类生存的环境。机器人不仅解放了人类的劳动力，而且很多事情做得还更快更好，能做很多人类想做、需要做但是又无法做的事情。

随着机器人技术的发展和各行业需求的提升，近年来，机器人技术正从传统的工业制造领域向医疗、服务、教育、娱乐、勘探勘测、生物工程、救灾救援等领域迅速扩展，科学家和工程师们正在深入研究和开发适应不同领域需求的机器人系统。无论是工业还是农业，无论是公共场合还是家里，机器人都已经无处不在。下面是一些机器人应用场景的举例。

机器人在工厂	各式各样的工业机器人
机器人在核电站	检修核反应堆的机器人、处理核废料的机器人
机器人在战场	侦查无人机、安保机器人
机器人在农田	除草机器人、收割机器人、农药喷洒机器人
机器人在医院	手术机器人、护理机器人
机器人在酒店	酒店前台服务机器人、客房服务机器人
机器人在商场	自助购买商品机器人、"揽客"机器人
机器人在银行	自助办理业务机器人
机器人在家里	扫地机器人、擦玻璃机器人、陪伴机器人
机器人在"路上"	无人驾驶汽车、送快递的无人机
机器人在极端环境	太空机器人、深海探测机器人、南极科考机器人
……	……

其实，除了体力劳动之外，机器人还可以代替人类的很多脑力劳动。机器人无论在智力还是在创造力上都已经有很多卓越的表现。

一方面，有的机器人已经在智力上"完胜"人类。例如，谷歌开发的人工智能程序 AlphaGo 打败了人类顶级的围棋手，它甚至还能够通过跟自己对战，不断地升级改造。

另一方面，机器人在创造力上也有独特的能力。例如：中央电视台曾经有一个节目，讲述的是机器人创造诗歌的过程，机器人"小冰"在短短 10 秒钟内，根据观众发的各式各样的图片，完成了二百多首诗歌的创作；现在每年"双十一"的时候，淘宝界面上亿张的海报由阿里人工智能设计师"鹿斑"完成。另外，还有机器人画家、机器人音乐家、机器人律师、机器人理财师……

智能机器人"小冰"成上音荣誉毕业生

2020 年 6 月，智能机器人"小冰"和她的人类同学从上海音乐学院毕业，还被授予音乐工程系 2020 届"荣誉毕业生"称号。这是上海音乐学院首次将这一荣誉授予非人类。

小冰是微软在 2014 年创造的"AI 少女"，她的学习能力和创作水准仰仗"音乐数据标注"，在科学家和音乐老师的"调教"下，小冰已经掌握流行、民谣和古风三种风格的音乐创作。给小冰一段文字描述或一张图片，她能在两分钟内创作出一首三分钟左右的完整歌曲。"音乐人工智能"未来将大有可为，特别是在批量化音乐生产上，比如新兴的音频、视频网站，每天都有海量的内容上传，都需要配乐，但是苦于没有原创和制作能力，人工智能将满足此类庞大的需求。

小冰近年来已涉足艺术创作的各个领域。2017 年，她出版了史上首部人工智能创作的诗集《阳光失了玻璃窗》。2019 年，她从中央美术学院毕业，作品亮相毕业展。如今，她又学会作曲，还为 2020 世界人工智能大会云端峰会创作主题曲。

 想一想

现实生活中机器人已经无处不在，你身边有哪些应用机器人的例子？你见过最神奇的机器人是什么样的？

不断迭代的机器人

你将了解：

现代机器人发展的三个主要阶段

每个发展阶段的典型代表机器人

这些机器人的发明者和发明故事

当计算机科学家忙着制造像人脑一样的机器时，企业家则正试图复制人的肌肉和骨骼。随着自动化科学与技术的发展，机器人开始从幻想世界真正走向现实世界。机器人能够更好地胜任人们称为"3Ds"（Dull, Dirty, or Dangerous，即无聊、肮脏或危险）的角色。

现代机器人的发展主要经历了三个阶段，从第一代电脑控制机器人、第二代带有"感觉"的机器人，到第三代智能机器人。

第一代机器人	模拟了人和动物的运动功能，是"重复进行工作的机械"。
第二代机器人	模拟了感觉功能，可进行感觉和判断。
第三代机器人	能模拟思维功能，具有学习功能。

第一代机器人

第一代机器人具有最低级智能的简单操作器，按照由人预先编写的程序工作，它们可以训练并完成预先指定的循环动作，它们的工作条件是严格固定不变的。第一代机器人模拟了人和动物的运动功能，是"重复进行工作的机械"。它们能拿东西送东西，能举东西放东西，能掏取，能抖动，此外，还能走、能跳、能爬、能操练步法。尽管第一代机器人使用广泛，工作有效，但是第一代机器人是"没有眼睛"的，不能应对意外情况，不管这种情况是发生了微小故障还是厂房倒塌砸到它们头上。

回顾机器人的历史，一般认为从1940年前后到1960年前后是遥控操作时代。所谓遥控操作，就是由人来操纵在远方设置的机械手，一般称为主从型操纵装置。从动装置侧相当于进入到放射能、海洋、宇宙空间等恶劣环境中的机械手。主动侧用墙壁或空间与从动侧隔离，通过主动侧的操纵装置来控制从动侧。比如，它能复现人手的动作和姿态，代替人搬运放射性材料。

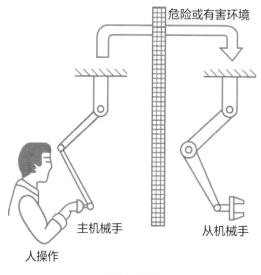

主从机械手

第一台工业机器人

1960年，美国根据乔治·德沃尔的专利研制出第一台"万能伙伴"机器人。用今天的标准来衡量，"万能伙伴"只是一个非常简单的"木偶型"机器人，它所能做的只是把东西拿起来再放下去。同时，美国设计制造了另一种可编程的机器人"多才多艺"。"万能伙伴"机器人被安排在汽车厂里码放炽热的金属零件——这项工作一干就是十多年。它并不伤害人，只是本分地在工厂里做一些重复性的工作。它的出现不但没有引起工人们的恐慌，而且还深受工人们的喜爱，因为有了这个家伙就再也不用工人们自己去拿那些烧得通红的汽车零件了。

这两种型号的机器人以"示教再现"的方式在汽车生产线上成功地代替工人进行传送、焊接、喷漆等作业，它们在工作中表现出来的可靠性、灵活性以及为工厂带来的经济效益使其他发达工业国家为之倾倒。于是"万能伙伴"和"多才多艺"作为商品开始在世界市场上销售，日本、西欧也纷纷从美国引进机器人技术。这一时期的机器人被称为工业机器人。发展到现在，很多工厂已经成为只有机器人在里面工作的"无人工厂"了。

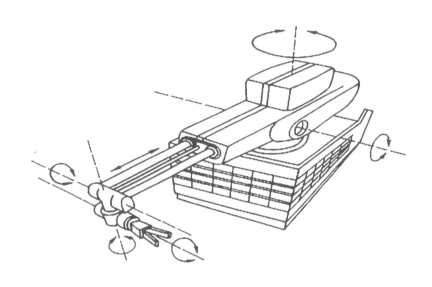

"万能伙伴"机器人示意图

世界机器人之父和第一台可编程工业机器人的发明者

约瑟夫·恩格尔伯格发明了世界上公认的第一台真正意义上的机器人——"万能伙伴"，让科幻变成了现实，也因此被誉为"世界机器人之父"。以他的名字命名的"恩格尔伯格机器人技术奖"，被誉为机器人领域的诺贝尔奖，该奖项颁发给在技术开发、应用、教育和机器人工业领导方面表现出色的个人。乔治·德沃尔是一名动手能力很强、自学成才的发明家，他申请了专利"编程控制的机械手臂"。

恩格尔伯格对阿西莫夫的小说集《我，机器人》爱不释手，于是产生了制造机器人的念头。他偶遇发明家乔治·德沃尔，他们合作成立了世界上第一家机器人公司，生产了一个可以自动完成搬运的机械手臂，这是人类历史上第一个机器人。它动作精准、永不疲倦、不怕高温和污染。后来，通用汽车公司首先安装这种机器人用于生产线上的搬运、焊接、油漆、黏合和装配工作，实现了自动化生产，巩固和扩大了它的行业领先地位。

约瑟夫·恩格尔伯格

恩格尔伯格机器人技术奖

乔治·德沃尔

美国最热门的晚间谈话节目把"万能伙伴"机器人请上了电视，让它对着300万美国观众，发高尔夫球、倒啤酒、挥舞指挥棒，甚至拉手风琴。日本人将恩格尔伯格请到东京，指导日本汽车厂商研发机器人，日本后来超过美国成了"机器人王国"。

"万能伙伴"机器人

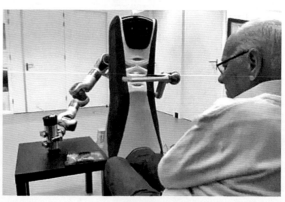
"护士助理"机器人

恩格尔伯格后来开始将研究转向服务机器人领域，他出售的第一个服务机器人"护士助理"一经发布就广受赞誉，彻底改变了人们对机器人的看法。他所研制的服务机器人，直到现在还被广泛地应用于各个领域，比如服务于全球各地的医院和养老院，为病人送饭、送药、送邮件等。

机器人由电脑控制，可以根据需要按不同的程序完成不同的工作。一个合格的、真正的机器人必须能在没有人类直接参与的情况下执行各项任务，它还必须能与环境相互作用，可以灵活地重新编程执行任务。例如，要完成工厂中的焊接、磨削、去毛刺、装配等复杂的工作，机器人就要增强和周围环境的互动，它不仅需要更复杂的动作，而且需要某些形式的外部感知能力，如视觉、触觉或力觉。第二代机器人模拟了感觉功能，可进行感觉和判断，它们能看，能听，有嗅觉，有触觉，会找东西。

现在的工业机器人大部分是第二代机器人。工业机器人通常固定在工位上，通过事先编好的程序完成重复性的任务，为了保护人员安全而限定在防护罩内工作。它是由计算机控制的通用操作机，它的手臂、手腕和手爪称为机器人的操作臂，由一系列的连杆通过关节顺序串联而成。它们可以代替工人进行搬运、电焊、装配、喷漆等作业，不仅把工人从恶劣的环境中解放出来，而且也大大提高了生产效率。具有这样或那样感觉的机器人更安全、方便、准确。它还具有许多特殊的优点，如能操作形状尺寸经常变化、方位不确定的工件。

第一台电脑控制的机器人

1961 年以后，人们试着在机器人上安装各种各样的传感器，包括触觉传感器、压力传感器和视觉传感系统等，使机器人根据环境校正自己的位置，成为"有感觉"的机器人，并能进行分析和判断，然后采取相应的策略完成任务。1962 年，第一个由电脑控制的工业机器人由辛辛那提米拉克龙公司装配而成。

第一台移动机器人

1968 年，第一个真正的移动式机器人出现，它叫沙基，因为可以在门厅中来回移动却不会撞墙而显得格外新颖。它有一双很原始的"眼睛"，有触觉，可以推箱子（它还不能搬箱子，因为它

电脑控制的机器人

移动式机器人沙基

没有胳膊，而且即使有胳膊，它也没有足够的"智慧"去指挥胳膊）。沙基有两个"大脑"。一个自己携带，另一个置于身外，通过无线电与身上的那个"大脑"保持联系。它之所以没能把另一个"大脑"也带在身上，是因为那个"大脑"实在太大了——足有一个客厅那么大。1976年，两个"海盗"机器人登上火星表面去寻找火星人，像沙基一样，它们也有两个"大脑"。

1978年，美国制造出多功能工业机器人PUMA（可编程通用装配机），同时瑞典的ABB公司、美国通用电气、德国的KUKA（库卡）公司、日本的FANUC（发那科）公司都在工业机器人方面投入大量的精力。工业机器人通常在装配流水线上使用，因为机器人可以24小时不间断工作，永远不会睡过头，也不需要休息时间，不需要空调车间（甚至不需要照明），不需要医疗保险。

随后，大规模集成电路技术的飞跃发展及微型计算机的普遍应用，使机器人的控制性能得到大幅度的提高，成本不断降低。于是，从20世纪80年代以来，数百种不同结构、不同控制方法、不同用途的机器人终于真正进入了实用化的普及阶段。

进入80年代后，仿生类机器问世，机器人开始成批应用。工业机器人首先在汽车制造业的流水线生产中开始大规模应用，随后，诸如日本、德国、美国这样的制造业发达国家开始在其他工业生产中也大量采用机器人作业。

多功能工业机器人 PUMA

汽车车身装配线

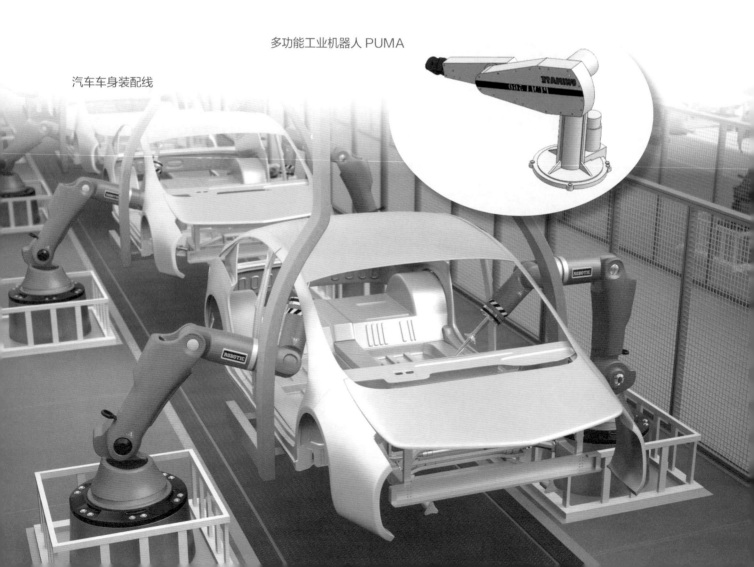

第一台计算机控制机器人手臂的发明者

　　维克托·施因曼发明了世界上第一台由计算机控制的机器人手臂——斯坦福机械臂，它是一种全电动六轴关节机器人，能够在计算机控制下精确地跟踪空间中的任意路径，并将机器人的用途扩展到更复杂的工作，如装配和电弧焊接，这是机器人领域的一大突破。

　　后来他开发了著名的用于装配生产的可编程通用机械手臂 PUMA，并与他人联合用内置摄像头和其他传感器制造机器人，其间，还开发了 Robotworld 系统，该系统允许机器人彼此协同工作。

维克托·施因曼

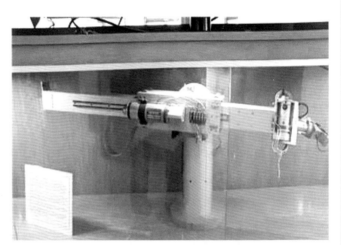
计算机控制的斯坦福机械臂

第三代机器人

　　第三代机器人也称为智能机器人。智能机器人是最复杂的机器人，也是人类最渴望能够早日制造出来的机器朋友。比如，扫地机器人能够避免撞坏家具，足球机器人可以在动态的不确定环境中相互合作。第三代机器人能模拟思维功能，具有学习功能，会识别，会记忆，会思考，会尝试，会犯错误并在错误中学习。

　　20 世纪 90 年代，有些机器人已经具有人工智能，无人飞机在海湾战争中得到应用，而且机器人也开始给人做脑部手术了。

　　1996 年，经过十年的秘密研究，日本本田公司的人形机器人终于揭开了面纱，这就是 P2，后来发展成 P3，再后来成为阿西莫。这是世界上最先进的（也是最昂贵的）机器人之一，能够爬楼梯、开门，甚至与人握手。

1997 年，一个叫作"深蓝"的会下国际象棋的智能机器人击败了世界上非常出色的国际象棋大师。同时，一个叫作"索杰纳"的机器人开始到火星上探险，它能够自主移动，而不需要人向它发出指令。

1999 年，机器宠物狗"爱波"由索尼公司推出，虽然它不像真狗那样有绒毛，但它却能够拍照、跳舞和玩球。而且它还有一个最为与众不同的特点，就是它能试着回答人的问话。

进入 21 世纪，随着劳动力成本的不断提高和技术的不断进步，出现了机器人替代人的热潮。同时，人工智能发展日新月异，服务机器人也开始走进普通家庭的生活。

第一个扫地机器人

2002 年 iRobot 公司发布了第一个大规模销售的机器人吸尘器——伦巴，伦巴频频被各大媒体报道，很快就成了最受欢迎的新年礼物。伦巴是一个圆盘形状的机器人，能自动把地板打扫干净。伦巴的传感器可以估计出房间的大小和形状，只要按下清洁按钮，它便开始工作。伦巴十分智能，以至于它能避免从楼梯上跌下来，甚至知道在电量过低的时候自己返回到充电器那里。在伦巴之后，该公司又继续推出了"史酷比"和"机器大狗"，史酷比可以擦洗地板，而机器大狗是一款重型吸尘器，可以从车间和工厂的地板上吸起螺母和螺钉。

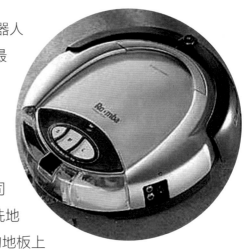

扫地机器人

iRobot 公司另外一款突破性的产品是"背包机器人"，它重达 9 千克，成本将近 125 万元。它可以接受遥控，也能自动行走，甚至可以原路返回到任务开始的地方。背包机器人可以像普通坦克一样前后滚动，也可以上下滚动来爬楼梯、碾过岩石、挤进曲折的隧道，甚至在 2 米深的水中游泳。它的履带由一种橡胶材料经过专门设计制作而成，可以在泥地或瓷砖地板等任何地面行走。背包机器人的初次应用是在 2001 年"9·11"美国世贸中心被摧毁后。背包机器人在顶端有一个可伸展的手臂，上面安装一个高倍变焦摄像机当作头部，又安装一个爪子一般的钳子，在被毁的世贸中心协助救援和恢复工作。这些救援机器人可以不受灰尘和烟雾的影响，也不会疲劳。不久之后，背包机器人被派上了战场，用于侦察洞穴设下的陷阱。

背包机器人

扫地机器人之父——乔·琼斯

乔·琼斯对小型反应型机器人非常有兴趣，并想要建造一个可以清理地板的机器人。他致力研究的伦巴（Roomba）机器人，是全球知名的家用清洁机器人，发布之后的短短几周内，得到了大量媒体机构的关注和报道，3个月内就卖出了7万台，这个成绩让公司上下都喜出望外，目前该产品全球总销量已经突破2000万台。

Roomba 机器人

只要按下"清扫"键，扫地机器人就自动去打扫房间了，而且没电了还能自动回去充电。它还有人工智能的学习过程，使用几天之后，就能熟悉家里的环境，打扫效率会越来越高，20分钟内就能把100平方米以内的房间打扫干净。对于各种情况也能应对自如：能紧贴墙进行打扫，不管是灰尘还是类似烟蒂这些大块垃圾都能轻松打扫干净，可以识别并钻到沙发底下去清扫，可以自动调节底盘高度翻越2厘米以内的障碍，即使有高台阶也不用担心，因为它遇到危险会自动返回。

伦巴的传感器使它能够在空间中导航，能检测到障碍物、地板上的脏点或斜坡、楼梯等。它使用两个独立操作的侧轮，可以360度转动，每秒钟思考次数超过60次，有40种不同的动作反应，从而能彻底清扫房间。

最早的自动导引车

物流公司把工业机器人用在分发中心传输货物，它们也被称为"自动导引车"（AGV）。这类车可以沿着地面的磁条行驶，也可以使用激光、雷达、陀螺仪和其他工具在固定的场地导航（如仓库或医院）。最早的AGV小车诞生于1953年，直到今天还在广泛使用。汽车和无人搬运车上使用的轮子是两个自由度的，只能前后运动；AGV 小车采用有三个自由度的麦卡姆轮（万向轮），可以侧向行驶，就是说它还可以横着走。除了工厂外，AGV 小车在医院护理、安全等领域也有应用。

AGV 小车最早是在轨道上运行的，现在的 AGV 小车融合了多种科技，有摄像头、激光防撞装置等，使它能更灵活、方便、高效地处理仓储布局的变化和行进路线上的意外障碍物。

亚马逊发布的仓库机器人 Pegasus，是一种新型包裹分拣机器人，外观上看有 0.6 米高、0.9 米宽，相当于一个手提包的大小。在原有机器人底座上增加了一个载货平台和皮带传送带，对各个包裹进行分类和移动，有助于减少包裹损坏并缩短交货时间。机器人配备的摄像机可以感知任何意外障碍，在大约 2 分钟内完成整个包裹运送过程。Pegasus 机器人在六个多月的时间里行驶约 321 万千米，经测试，它能将当前系统的包裹分拣错误率大幅降低 50%。亚马逊还发布了一种大型模组化运输机器人 Xanthus，拥有通过改变上方配备胜任不同任务的能力，不仅用途更为广泛，体积也只有以前的 1/3，成本还降低了一半。

麦卡姆轮（万向轮）　　　　　　　　　　仓库机器人 Pegasus

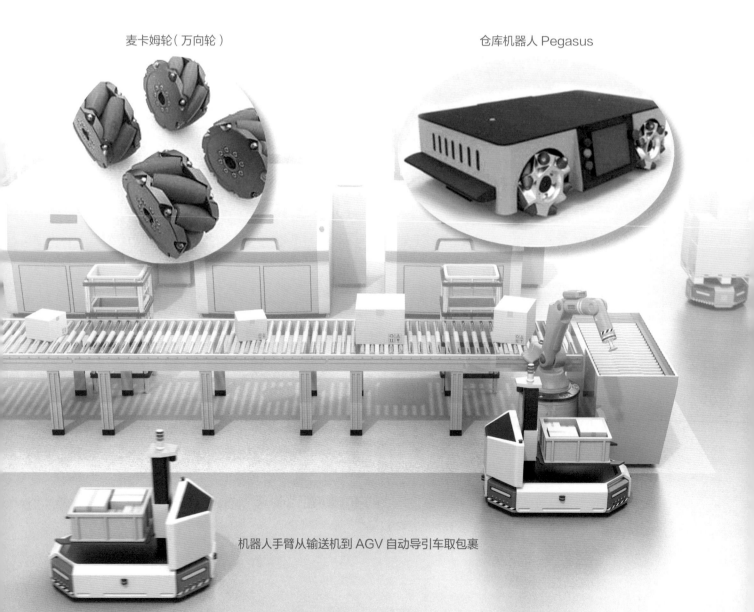

机器人手臂从输送机到 AGV 自动导引车取包裹

波士顿动力机器人

波士顿动力公司在机器人领域的成就备受人们的关注，其产品机器狗 Spot 和双足人形机器人 Atlas 都令人大为惊叹。Spot 的功能十分先进，可以前往你告诉它要去的目的地，可以避开障碍，并在极端情况下保持平衡。Atlas 已经掌握了倒立、360 度翻转、旋转等多项技能，继表演跑酷、后空翻等绝技之后，Atlas 又掌握了一项新技能——体操，再次让人们大开眼界。

机器狗 Spot

双足人形机器人 Atlas

越高级、越复杂的机器人其硬件或软件出错的概率也越大。只要一个小零件出现了裂缝、滑落或损坏，那么本可以顺利运行的这个整体就会土崩瓦解。如果把几十亿行代码中的一个符号搞错了，那么整个系统就有可能关闭或做出让人意料不到的行为。

科学研究是非常严谨的，很多时候真的是"失之毫厘，谬以千里"，科研之路漫漫，唯务实和严谨才是真正的科学精神。

经过几十年的发展，机器人技术终于形成了一门综合性学科——机器人学（Robotics）。一般来说，机器人学的研究包括基础研究和应用研究两方面的内容，研究课题包括机械手设计、机器人动力和控制、轨迹设计与规划、传感器、机器人视觉、机器人控制语言、装置与系统结构和机械智能等。随着科学技术和社会需求的不断发展，机器人还在不断地更新迭代。

波士顿机器狗的创造者——马克·莱伯特

马克·莱伯特是一名顶尖的工程师，以其生动的演讲和极具辨识度的夏威夷衬衫在机器人圈内闻名。他做出的很多成果至今令人惊叹，也成为世界机器人领域最卓越的开拓者。他创立的著名的波士顿动力公司，曾发布了各种类型的机器人，包括双足机器人、四足机器人、"足＋轮"式机器人、爬行机器人、侦察机器人、六足机器人等。

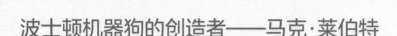

大狗机器人（Big Dog）的设计灵感来自《星球大战》中的AT-AT，它的四条腿完全模仿动物的四肢设计，装有减震装置。Big Dog 的行进速度可达到 7 千米每小时，比人类都跑得快，还能够攀越 35 度的斜坡，跨越障碍物，可携带超过 150 千克的物资，被誉为"当前世界上最先进适应崎岖地形的机器人"。Spot 可在负重 45 千克的情况下行动或奔跑。Spot Mini 更灵活、美观，质量也更轻，充满电后可运作 90 分钟，能够在低矮的场景下匍匐前进，其机械臂可以开门、拿饮料、做家务等。

Atlas 是类人双足机器人，像人一样有头部、躯干、四肢、双眼。它的手具有精细动作技能，四肢有 28 个自由度，可以左右脚交替三连跳 40 厘米的台阶。

野猫机器人能够以 25.8 千米每小时的速度奔跑跳跃，是跑得最快的机器人。爬行机器人有六只脚，脚部使用外科手术针作为材料，可以附着在垂直物体上移动，每秒钟能够爬高 30 厘米。

机器人跳蚤很像玩具赛车，但可以越过 10 米多高的障碍物，足以跨过高墙，跳到屋顶甚至二楼的窗户上。它高 15 厘米，一次充电可行驶两小时或者是跳跃 25 次，且体积小不易被发现，可以用于侦查。

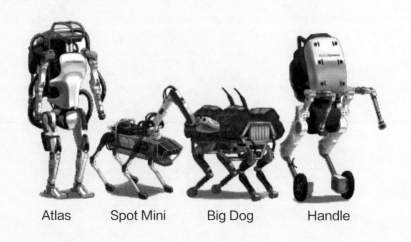

Atlas　　　Spot Mini　　　Big Dog　　　Handle

2

各式各样的
机器人

机器人的分类

你将了解：

机器人的分类方式

按智能程度分类的机器人

按移动方式分类的机器人

机器人的分类方式

从实际需要和节约成本来看，机器人不一定都要具有高智商和高能力，有些岗位用"不太聪明""呆板愚钝"的机器人反而更"放心"。因此，"量体裁衣""人尽其用"才是最明智、最经济的选择。

每当我们想到机器人，总是倾向于把它们想象成金属版本的人类。然而，现实中的机器人形状和大小却是多种多样的，绝大多数机器人和我们在《星球大战》中看到的 C-3PO 这种人形机器人完全不同。

现在都有哪些形式的机器人呢？机器人的分类方法很多，可以按机器人的几何结构、控制方式、智能程度、移动方式等不同方法分类，也可以按应用场合、坐标划分、驱动系统、编程方法等方式划分。下面介绍两种常见的分类方式，按智能程度分类和按移动方式分类。

按智能程度分类的机器人

如果按机器人的智能程度分类，可分为一般机器人和智能机器人。

一般机器人

特点：不具有智能，只具有一般的编程能力和操作功能。

连续型反复作业机器人：这是一种最简单的机器人，它不能从事复杂的作业，只能做把一个零件从某个地方搬到另一个地方一类的工作。

记忆再生式反复作业机器人：因为具有简单的存储装置，所以它能做更复杂的动作，而且可以把动作教给它，它存储了那个动作以后，就可以反复地进行同样的动作。

智能机器人

特点：具有不同程度的智能。

传感型机器人：具有传感信息处理、实现控制与操作的能力。

交互型机器人：机器人通过计算机系统与操作员进行人机对话，实现对机器人的控制与操作。

自主型机器人：机器人无须人的干预，能够在各种环境下自动完成各项任务。

按智能程度分类

一般机器人 ➡ 不具有智能，只具有一般的编程能力和操作功能 ➡ 连续型反复作业机器人 / 记忆再生式反复作业机器人

智能机器人 ➡ 具有不同程度的智能 ➡ 传感型机器人 / 交互型机器人 / 自主型机器人

中国科学院研发的中国首台交互机器人"佳佳"

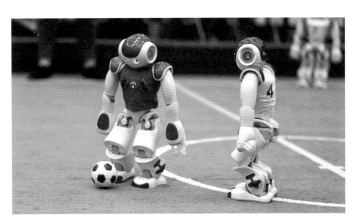

自主足球机器人

按移动方式分类的机器人

如果按机器人的移动方式分类，可分为固定机器人和移动机器人。

固定机器人：机器人固定在某个底座上，只能通过移动各个关节完成任务。

移动机器人：机器人可沿某个方向或任意方向移动。移动机器人又可分为有轨式机器人、履带式机器人和步行机器人，其中步行机器人又可分为单足、双足、多足机器人。

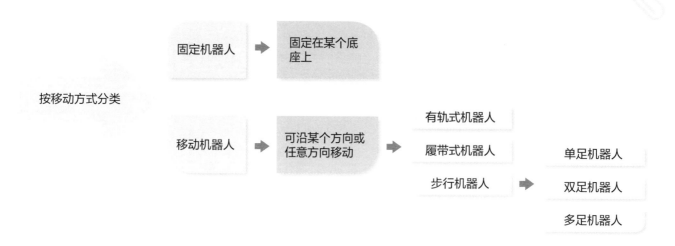

在众多分类方式中，最简单的是分为工业机器人和特种机器人两类，后面将会重点介绍工业机器人以及特种机器人中的仿生机器人、海洋机器人、空中机器人、空间机器人、医疗机器人、服务机器人、娱乐机器人等。

想一想

分类是一种把某些特征相似的事物归类到一起的科学方法。对事物进行分类后，它们之间的关系就会变得更加清晰。然而，无论在科学研究还是在现实生活中，事物的分类标准往往都不是唯一的，采用不同的标准就会形成不同的分类方式。在学习和生活中学会多用归纳、分类的思维看待事物，往往会有很多惊奇的发现。

请你尝试对生活或学习中的某些事物，采用不同的标准进行分类。

中国新松机器人的创立者——王天然、曲道奎

王天然

王天然与曲道奎被称为"黄金搭档",他们与设计团队一起研制的移动机器人(AGV)被沈阳金杯汽车公司采用,并出口到国外。与此同时,他们自主研制的 40 多台弧焊机器人成功应用于嘉陵摩托车生产线上,这些在国际工业机器人制造业界引起了轩然大波。

王天然与曲道奎创立了以蒋新松命名的机器人公司,并发展为中国最大的机器人制造企业。该公司有全球最齐全的机器人种类,2/3 的产品由外资企业使用,出口到 15 个国家。例如,通用汽车也采购新松移动机器人,瑞典沃尔沃公司放弃机器人行业老大 ABB,选择了新松公司的移动机器人。

他们认为未来机器人将不再是人类的"奴仆",而是人类的合作伙伴。用于 3C——计算机(Computer)、通信(Communication)和消费性电子(Consumer Electronics)——产业的新松复合机器人的重复定位精度可达到 ±0.05mm;新松移动搬运平台体积小、质量轻,快速又灵活,且全程可追踪;协作机器人安全灵活,可以和人类并肩工作;松果系列服务机器人拥有萌萌的外表,可以感知外界环境,按照指定的路径进行柔性运动。

曲道奎

松果 Pro——轻量化商用机器人

松果机器人

工业机器人

你将了解：

什么是工业机器人

如何评价机器人的性能

工业机器人是否安全

几种常见的工业机器人类型

进入 21 世纪以来，机器人备受各国政府的重视。"机器人革命"有望成为"第三次工业革命"的一个切入点和重要增长点，将影响全球制造业的格局……机器人是"制造业皇冠顶端的明珠"，其制造、研发、应用是衡量一个国家科技创新和高端制造业水平的重要标志。

工业机器人的定义

被国际上普遍接受的工业机器人的定义，是由机器人工业协会的科学家于 1979 年提出的：一种可改编程序的多功能操作机构，用以按照预先编制的能完成多种作业的动作程序运送材料、零件、工具或专用设备。从这个定义中，可以拆解出几个关键点。

可改编程序

工业机器人的第一个关键词是"可改编程序"。其含义就是工业机器人的程序不仅可编制一次，而且可视需要编制任意次。为了可以编程，一个工业机器人必须具有一个可输入指令和信息的计算机。计算机可以是"随身"的，即计算机就在机器人身上；计算机也可以是"体外"的，即计算机在保证能与机器人互通信息的前提下，可置于任意位置。

多功能

工业机器人的第二个关键词是"多功能"。其含义为工业机器人是多用途的，可以完成多种工作。比如，用于激光切割的工业机器人，把它的手爪稍加改变，就可以用于焊接、喷漆或装配操作。

操作机构

工业机器人的第三个关键词是"操作机构"。其含义为工业机器人有一个能移动对象的机构，它与其他自动化机器的区别是它的程序具有可重编性和多功能性，与计算机的区别在于它还是一个操作机构。

多种预编动作程序

最后，我们来看看"多种预编动作程序"的含义。工业机器人工作于动态过程中，也就是说其主要特征是具有连续生产活动的能力，这样就和更换配件完成不同作业的多功能机器（如食品料理机）区别开来。

如何评价机器人的性能

自由度

表示机器人动作性能好坏的参数叫作"自由度"，自由度是表示机器人的胳膊能在多大范围内进行自由活动的一种标志。人的胳膊从肩膀到手腕共有 7 个自由度，手部（手掌及手指）有 22 个自由度，这就是人的胳膊为什么具有了不起的功能的原因。

精度

机器人重复一个动作，每次在同一个点的位置的偏差就是机器人重复定位的精度。一般来说，整个机器人系统的精度决定了它的造价，精度越高，造价也越高。

工作范围

工作范围是指机器人手臂末端或手腕中心所能到达的所有点的集合，也叫作工作区域。工作范围的形状和大小是十分重要的，机器人在执行作业时可能会因为存在手部不能到达的作业死区而不能完成任务。有些机器人设计难度大，部分是因为存在到达不了的死区。

工作速度

机器人各个方向的移动速度或转动速度，是表明机器人运动特性的主要指标。由于要考虑加速或减速时间和可能的振荡，所以机器人最大允许的加减速度也是重要的指标。

承载能力

　　承载能力是指机器人在工作范围内的任何位姿上所能承受的最大质量。为了安全起见，承载能力这一技术指标是指高速运行时的承载能力。通常，承载能力不仅指负载，而且还包括了机器人末端操作器的质量。

工业机器人的安全性

　　工业机器人具有一定的危险性，它的功率异常大，尤其是具有大操作空间的大功率型机器人。在工业机器人的安装和工作过程中，安全性是最重要的。常见的安全措施是将人隔离在工业机器人的工作区域之外，或确保工业机器人在发生危险时能及时停机。为此，机器人有内置双重安全链或运行链，当机器出现故障时能使机器人自锁，同时也会有外部的急停按钮。

关节臂型机器人

　　关节臂型机器人是最常见的工业机器人，它的结构类似人的手臂，非常灵活。关节臂型机器人通常为 6 轴机器人，因为有 6 个旋转关节；也有 7 轴机器人，这种机器人提供了冗余的自由度，可以达到一般机器人难以达到的位置。关节臂型机器人大约占全球工业机器人总量的 60％，甚至更高。双臂机器人是将两个关节臂安装在同一个结构上，两个关节臂协同工作，可以模仿人完成装配任务。

双臂协作机器人在电池生产车间组装印刷电路板

智能工厂中的关节臂型机器人

直角坐标型机器人

直角坐标型机器人包括所有由三根直线运动轴组成的工业机器人。这类机器人的长度范围可以从一米以内到几十米，是第二受欢迎的构型，大约占全球工业机器人总量的22%。这类小型的机器人可以用来做激光雕刻机，既可以雕刻产品零件，也可以雕刻人物或风景等艺术品。

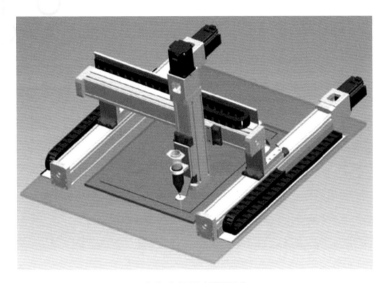

直角坐标雕刻机器人

激光雕刻图片

并联型机器人

并联型机器人的手臂由并行的移动或旋转关节组成，这种构型的好处在于减少了手臂的质量，因而具有较高的加速度和速度。但它的负载能力较弱，一般不超过8千克。它主要用于拣选，尤其是在食品工业的包装线上。这种机器人大约只占全球工业机器人的1%。

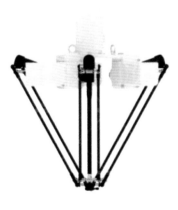

并联型机器人

并联机器人用于飞行模拟器

机器人在中国的发展

机器人行业自 2009 年起开始迅速发展，亚洲占据了工业机器人全球销量的一半以上。如果把所有类型的机器人销量加在一起统计，中国市场已超过 2%，成为全球增长最快的市场（没有之一）。在 2010—2016 年之间，中国市场的年度增长率始终接近 50%。中国市场增长速度如此之快的原因之一是中国在国家战略"中国制造 2025"中规划了发展路线，要在 2025 年前迈入制造强国之列。

当今世界有 32% 的汽车产自中国，如何确保质量的稳定性是汽车制造业面临的一大挑战，也是大量引入机器人技术的原因之一。大部分高端手机的生产已经实现自动化，有大量的机器人工作在产品线上，生产线上的工人主要负责检查最终产品的质量是否达到设计要求。

中国市场卖出的机器人中，约一半以上是由设在中国的合资公司生产的，主要是 FANUC、KUKA 和 ABB 这三家公司。ABB 公司早在十几年前就已将其机器人事业部迁往中国。2017 年，德国公司 KUKA 被美的收购，变成了一家中国公司，但它仍把大部分生产和研发业务放在德国。中国科学院创办的新松机器人公司是中国最大的机器人制造企业，它的产品已经进入美国和欧洲市场。中国市场上 1/5 的机器人是国内生产的。南京埃斯顿自动化公司是中国最有创新力的企业之一，它像 FANUC 公司一样，生产的机器人全部采用自主研发的核心部件，因此奠定了它在国产机器人行业的龙头地位，成为国产智能工业机器人"四小龙"之一，是中国拥有完全自主核心技术的国产机器人主流上市公司之一。

美国机器人专家 Henrik Christensen 预测，一般行业国外每万名工人配有 200～450 台机器人，而中国只有 50 台。在汽车制造业，国外每万名工人配有 1000～1400 台机器人，虽然中国已经是世界最大的汽车生产国，但是中国每万名工人只配备了 300 台机器人。这样看来，50% 这样的增长速度再持续 5～10 年也不成问题。

在机器人设计的独创性和创新范围上，中国正迅速迎头赶上。例如，中科院制造的各种各样的机器人，从机器人服务员到机器人大猩猩应有尽有。另外，中国机器人专家特别注重仿生效果和人工智能。例如，北京大学的"机器人研究所"不仅制造了机器人猴子，还制造了"仿生鱼"机器人。这种机器人长 1.5 米，形状像一条鱼，可以在水下靠自动导航游动，用于环境探测和水下考古研究。上海交通大学机器人研究所研制成功了"数据手套"，这是一种利用人工智能感知如何运动的机器手套，它会将人手的灵巧与机器的精准和力度结合起来，使"完美人工肢体"成为可能。

仿生机器人

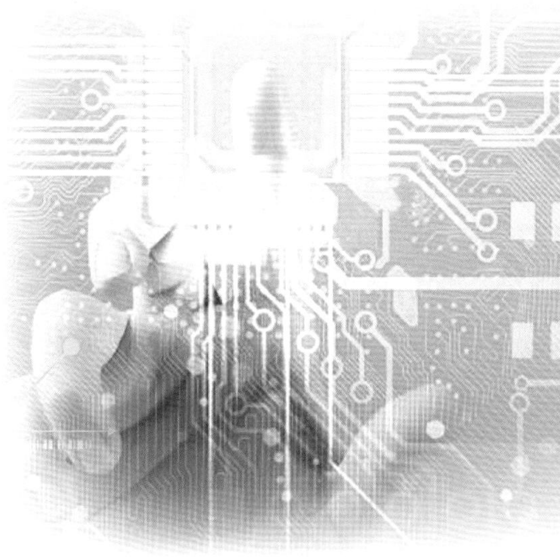

你将了解：

什么是仿生机器人

仿生机器人有哪些种类

有趣的仿生机器人

仿生机器人的定义

仿生机器人是指模拟自然界中生物的外形、运动原理或行为方式的机器系统，能从事生物特点工作的机器人。仿生机器人虽然有各种各样的，但它们在模仿生物的一部分功能或者多种功能方面是有共性的。我们知道，有些生物初看时好像并不高级，可是它们具有人所没有的特殊功能。因而，要模拟生物优越的构造和功能，科学工作者无疑要有丰富的想象力作为创造的源泉。

仿生机器人的种类

仿生机器人可以是仿人类的（下肢、上肢、智能），可以是仿动物的（单个、群体），也可以是生物机器混合系统（动物机器人、赛博格）。仿生机器人是目前机器人研究的一个重要发展方向，可以说仿人机器人是很多科学家的终极梦想。按照模仿的对象，仿生机器人大致可以分为下面几类。

仿陆地运动的机器人	六足仿生机器人	蟑螂、蚂蚁……
	四足仿生机器人	狗、猫、壁虎……
	双足仿生机器人	人
	躯干类仿生机器人	蛇、蚯蚓……
水中仿生机器人	机器鱼、机器海豚、机器魔鬼鱼……	
空中仿生机器人	机器鸟	
仿生机器手	像人手一样的机械手	
群体仿生机器人	群体机器人（群体智能，在空间、时间、功能上可以有所分工）	一群蚂蚁、一群鱼、一群蜜蜂……

蝙蝠机器人

中国仿生机器人"大壁虎"

中国仿生机器人壁虎"神行者"

一些神奇的仿生机器人

蝙蝠机器人

蝙蝠虽然携带数十种病毒，但是它的听觉异常发达，人类通过模仿蝙蝠的回声定位系统发明了雷达，有些国家研制的隐形飞机，在某种程度上也是对蝙蝠的"拷贝"。类似地，科学家们复制了鹰眼的功能，将这种"鹰眼"装在无人机上，使无人机实时搜集、监测各种重要信息。

黏性机器人

黏性机器人复制了壁虎爬墙的方法。壁虎机器人能在各种建筑物的墙面、地下和墙缝中垂直上下迅速攀爬，或者在天花板上倒挂行走，能够适应光滑的玻璃、粗糙或者粘有粉尘的墙面以及各种金属材料表面，能够自动辨识障碍物并规避绕行。其灵活性和运动速度可媲美自然界的壁虎，可以代替人类执行幕墙清洗、灾难搜救、探险、地下管道检测等高难度的任务。仿生机器人"大壁虎"脚上有50万根细毛，粗细只相当于头发丝直径的千分之一，能在垂直于90度的平面上自由爬行。

蛇形机器人

　　日本的广濑茂男教授是机器人学领域的先锋人物之一，他在 20 世纪 70 年代晚期制造了第一个蛇形机器人，有陆生的蛇形机器人，也有水陆两栖的蛇形机器人。蛇形机器人能在诸如核电站这类的高危场所以及其他高空场所提供拍摄检测的服务。从那之后，他又制造出了各种形式的机器人，包括一个能靠吸盘爬上高层建筑物墙壁的忍者机器人和一个建筑救援机器人，后者是一个装有 4 条巨大机器人蜘蛛腿且重达 7 吨的推土机。以色列研发了一款"毛毛虫"履带机器人，它能根据不同的地形改变履带结构，轻松越过障碍、翻越空隙、爬楼梯等。

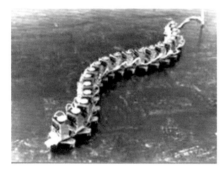

蛇形机器人

水陆两栖蛇形机器人

"毛毛虫"履带机器人

变形机器人

　　变形机器人是拥有变形效应器的机器人，它们可以通过转换形态在不同条件的地域有效地移动。比如，波士顿动力公司制造的 RHEX 行走机器人，它的腿可以转换成鳍状肢，使它既能在陆地上行走，又能在水下游泳。美国制造了一种类似的飞机，这种飞机的大小和一只小鸟差不多，它能飞能爬，是既能飞到窗口又能爬进去的飞机。科学家们已经制造出多型机器人，它们的身体由用铰链连接的模块组成，可以变换成各种各样的形态，比如，从蛇的形状变成一只蜘蛛的样子。

RHEX 行走机器人

会滚动的蜘蛛机器人

机器人疏散车

有些机器人的整体设计理念来自大自然，但是看起来却和大自然中的生物一点也不像。就好像《小熊维尼》故事中的袋鼠妈妈带着小豆那样，机器人疏散车是一辆机器人版本的救护车，它内部装着的机器人撤出车，则是一个机器人担架员，负责进进出出地将士兵们送到安全的救护车中。

仿生机器鱼的设计者

大卫·巴雷特设计并建造了仿生机器人 RoboTuna，它是有史以来第一艘全功能的机器鱼，主要模仿蓝鳍金枪鱼的形状和运动。该仿生机器鱼采用尾鳍提供前进的动力和改变航向，与传统的采用桨舵的水下机器人有很大的差别。它推进效率高，机动性能好，可以在不减速的情况下实现转向运动，噪音低，隐蔽性能高。

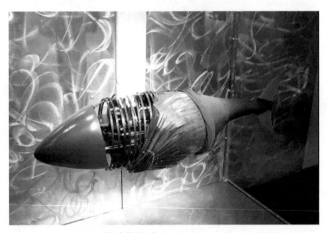

仿生机器人 RoboTuna

这个机器鱼由 2843 个零件组成，具有关节式铝合金脊柱、真空聚苯乙烯肋骨、网状泡沫组织，并用聚氨基甲酸酯弹性纤维包裹表皮。机器鱼通过摆动躯体和尾鳍，能像真鱼一样游动，速度可达 2 米每秒。机器鱼由遥控控制，但也可以通过编程按预先确定的路线巡游。

RoboTuna 被证明是非常成功的，它比其他水下机器人具有更好的灵活性和机动性，使用的能量也更少。仿生机器鱼可以代替潜水员在深水中长时间工作，而且可以监测水污染，探测海底火山活动；在军事方面，可以用于跟踪敌人的舰船和潜艇，降低被探测概率，甚至可以携带炸药潜行，炸毁敌舰的动力系统，使其丧失作战能力；此外，还可以应用于海洋动物园，供游客观赏。

空中机器人

你将了解：

无人机为什么能安全飞行

几种有名的无人机

无人机智能集群技术

无人系统助力安全飞行

无人系统并不仅限于地面上，它们也存在于空中。设想我们坐在一架快速飞行的飞机中，突然有另一架飞机向我们迎面冲来。我们该下俯、上冲、向左还是向右呢？另一架飞机的驾驶员将怎么办呢？人类已经研制了防撞控制系统，在飞机上和舰船上都获得成功应用。在这种系统中，人工做不到的机器却做到了，通过雷达接收器，计算机能立即知道对方的飞机是在上冲还是下俯，还可以知道对方飞机在各个方向上的移动速度，从而预料是否会撞机或者可以预防撞机，还可以点亮一盏灯指明飞行方向，以避免相撞。

通常人从接收信息到做出反应需要一定的时间，会有滞后性，以至在规定时间内来不及完成动作。而机器人自动导航系统可以控制飞机在给定的高度上空沿精确的航线飞行，它能控制飞机从起飞到着陆的整个飞行过程，飞行中它还能自动测试飞行状态并根据情况及时做出反应，从而保障飞行安全。

有名的无人机

无人机现在已经广泛应用于军事、城市管理、农业、地质、气象、电力、抢险救灾、视频拍摄等领域。下面将介绍几种有名的无人机。

捕食者无人机

捕食者无人机

最出名的作战无人机就是"捕食者"。"捕食者"的长度有 8 米，质量仅为 500 多千克，它能在空中连续飞行约 24 小时，而且最高可以飞到 8 千米左右的高度。它不仅价格低（用一架空军喷气式飞机的价格可以购买 85 架"捕食者"），而且还不需要人类驾驶员。它装载了两个摄像机，一个在白天拍摄，另一个红外线摄像机在夜晚拍摄。同时，它还装有一个雷达，能穿透云层、烟雾或灰尘来拍摄地面的情形，在 3 千米的高度也可以看清车牌号码；而且它可以用雷达自动跟踪发现的任何目标，如果发现了敌人，"捕食者"可以把激光投射到目标上。飞行员坐在一万千米以外的电视屏幕前面——一个屏幕是无人机所拍到的画面，另一个显示着一些技术数据，第三个屏幕是航图，这种显示方式类似车载的 GPS 显示。

翼龙无人机

中国无人机当家明星——翼龙无人机的机身尺寸与美国的"捕食者"相似，它具备全自主平轮式起降和飞行能力，最大起飞质量达 1100 千克，机重 1100 千克，长 9 米，航程超过 4000 千米，升限 5000 米，最大续航时间约为 20 小时。它被称为中国版的捕食者攻击型无人机。

中国翼龙无人机

刀锋无人机

刀锋无人机是由中国航天科工三院历经 5 年时间自主研发的无人机，是全国智能化程度最高的无人机，于 2009 年正式投入使用。"刀锋"通过了低温等恶劣环境测试，在控制精度和可靠性上甚至高于国际同类产品。

中国刀锋无人机

植保无人机

　　深圳市某创新科技公司推出智能农业喷洒防治无人机，称为农业植保机，正式进入农业无人机领域。

植保无人机

你好！机器人

固定翼垂直起降电动无人机

固定翼垂直起降电动无人机（NPU-GC03E）采用电力驱动，可一键式垂直起降，定位精度控制在厘米级，无线电链路范围可达 100 千米，可实行自主飞行。它搭载小型激光雷达或倾斜相机后，可用于电力巡检，石油、天然气管线巡检等。

固定翼垂直起降电动无人机（NPU-GC03E）

旋转机翼飞机（灵龙）

旋转机翼飞机（灵龙）性能优于当前世界上最先进的倾转旋翼机。它具备垂直起降能力，又具备高亚音速的最大飞行速度，远高于现有直升机；其航时达 10 小时以上、航程达 1000 千米以上，也远高于现有直升机。旋转机翼飞机（灵龙）能以无人或有人的方式执行侦查监视、通信中继和运输救援等任务，可以填补我国在高速垂直起降飞机领域的空白，满足军事和民用需求。

无人机智能集群技术是指无人机像自然界中类似鸟群的动物群体那样，相互协调行动，它们没有指挥官，但是彼此之间会不停地"交谈"，如果个别无人机发生故障或损失，剩余无人机会自主调整编队形式，继续完成既定任务目标。

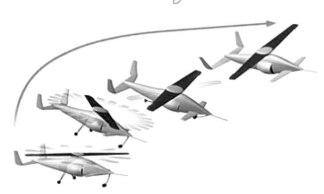

旋转机翼飞机（灵龙）

神秘的西工大"民用无人机家族"

西北工业大学是我国最早开展无人机研发的单位之一,研发出中国第一架无人机并于1958年试飞成功,2009年西工大自主研制的三型10架无人机参加国庆60周年阅兵,这也是无人机首次在阅兵中亮相。

西北工业大学生产出多型号无人机5000多架,产品创造了多项国内第一。这些无人机不仅颜值高,还拥有各种独门绝招——垂直起降、弹射起飞,多旋翼、扑翼、充气式、旋转机翼,等等,可满足长航时、高海拔、恶劣气候条件下的各种作业需求,在国土巡查、环境监测、人工增雨、管线巡检等多种领域得以应用。文中介绍的固定翼垂直起降电动无人机(NPU-GC03E)和旋转机翼飞机(灵龙)均由西北工业大学民用无人机研发中心开发。

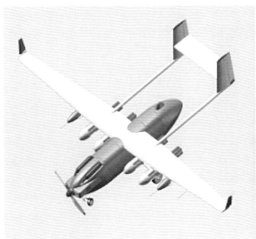

固定翼滑跑起降无人机

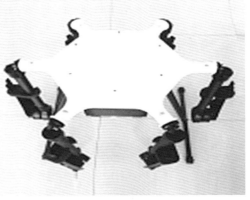

多旋翼电动无人机(NPU-X05E)

空间机器人

你将了解：

为什么人类在太空环境中难以存活

空间机器人的优势

典型的太空探测器

舱外航天服和机器人宇航员

空间环境和空间机器人

最期待机器人能代替人进行活动的地方是广阔的宇宙空间和海洋，这两个地方都和人类长期居住的地面环境完全不同。比如，在宇宙空间中，乘火箭飞离地球以后，空气逐渐变得稀薄，达到数十千米的高空时，几乎接近真空状态。月球表面上不仅没有空气，也没有人类生存所必需的食物和水，宇航员们都需要从地球上带去这些东西。

在月球表面，重力只有地球上的 1/6，所有物体的质量都减轻为原质量的 1/6。而且，从太阳以及宇宙空间射来的肉眼看不见的放射线，以极大的强度强烈地照射着月球。在地球上，它们是通过大气层的削弱作用后才到达地面的。强烈的射线对于人体来说是很危险的，因此，尽管穿着宇航服，但是人也不能在月球表面上长时间停留。在这种情况下，"不怕死"的机器人就比人具有优势了。

空间机器人是被发射进入太空的装置，能够自主地或在地面操控的条件下进行大量的工作，因此，自动探测器即便没有机械臂也被叫作机器人探测器，月球车 / 行星车一律被定义为机器人或机器人巡视车。而人类则是在地球上遥控月球上的探测器，双向通信时间仅约 3 秒。

无人探测

"月球无人探测器一号"

　　"月球无人探测器一号"揭开了宇宙空间机器人的序幕。它载在飞往月球的火箭"月球十七号"上，1970 年发射到天上，在月球上着陆后，经过两小时四十一分钟后，开始在月球表面上跑起来。在三个月的时间里，月球车总计移动了 4000 米，在这期间，它进行了土壤成分的分析、拍摄照片、观测放射线并且还开展了与地球之间的激光实验等。月球车上所带的温度计记录了月球表面从白昼到黑夜温度从摄氏 140 度降低到零下 140 度。它后来又在月球上度过了半年多的时间，完成各种观测任务。那么，这个月球车究竟是什么样的呢？它长 3.2 米，宽 1.6 米，质量是756 千克，带盖的像个脸盆状的躯体上，有八个轮子。它轻便而结实，用镁合金制成，重要的机械装置装在它的躯体里面，侧面除了带有相当于机器人眼睛的电视摄像机外，还装有跟地球联系用的天线。

　　这个月球无人探测器虽然叫机器人，但它不是靠判断周围的情况来进行活动的。它由地面指令中心的人进行操纵，他们一边看着电视屏幕上显示出来的月球无人探测器的情况，一边用无线电波发出命令，让它前进、转向或停止。地球和月球大约相距 38 万千米，就是每秒钟传播 30 万千米的电波，也要约 1.3 秒才能到达，往返约需要 2.6 秒。

月球无人探测器一号

"火星探路者"着陆器

"火星探路者"着陆器

1996年，美国宇航局NASA发射了"火星探路者"着陆器，着陆器的质量为264千克，并携带一个质量为10.5千克的"旅居者"漫游车。着陆器被包在三个太阳能帆板内，着陆完成后帆板打开。"旅居者"漫游车有六个轮子，由地面操作系统根据漫游车和着陆器获得的图像来控制漫游车，它们的行进速度非常缓慢，每分钟约0.5米。即使这些火星探测车收到来自地球的信号滞后约10分钟，但是它们还是不得不通过人工遥控来完成大部分任务。漫游车工作了两个多月后与地面通信联系中断，发回了550张彩照、15份火星土壤和岩石化学成分分析结果以及大量的气候、风力、风向等测量数据。

"勇气号"火星探测器

巡视车有轮式、雪橇式、跳跃式、履带式、腿式等多种运动形式。有些巡视车的尺寸远小于1米，而有些巡视车又很大，超小型的质量小于5千克，大型的质量大于150千克。2004年，美国宇航局的"勇气号"探测器登陆火星，这台探测器在原先预定的90天任务结束后继续运行了6年时间，总旅程超过7.7千米。

"勇气号"火星探测器

火星漫游机器人的设计师——雅各布·马蒂耶维奇和唐娜·雪莉

火星漫游机器人"旅居者"由雅各布·马蒂耶维奇和唐娜·雪莉以及 NASA 科学家、工程师组成的大型团队设计，是第一个部署到火星的机器人。

"旅居者"是一种六轮机器人探测器，是半自动探测器，能够由地球上的人类操作员控制。

1996 年，"旅居者"成为第一台被送往火星的火星车。这台轻型机器人由"探路者"号带至火星，并于 1997 年 7 月成功在火星表面着陆。最初设计只能持续运行 7 天，但最终持续运行超过 83 天。在科考期间，"旅居者"探索了 250 平方米土地，并拍摄 550 张图片。根据其收集到的信息，科学家们断定火星表面曾经出现过温暖潮湿的气候。这款简陋的小型六轮太阳能机器人突破了人类对机器人和当时通信的理解极限。

"旅居者"漫游车

载人探测

前面讲的是无人探测，在载人探测计划方面，宇航员使用的交通工具有两种，一种是简单轻巧的，没有任何维生设施，任务是运送身着太空服的宇航员，月球车就属于这一类，它可以和普通轿车一样大；另一种非常复杂，具有维生设施，车内宇航员不用穿着太空服，车内空气也不会受到生化或化学武器的污染。

在载人任务中，遥控机械臂有很大的用处，其中最著名的是航天飞机中的"加拿大臂"，可用来做多种不同工作，从卫星太阳能帆板展开、恢复与维修到卫星结构的组装、机舱外活动辅助等。

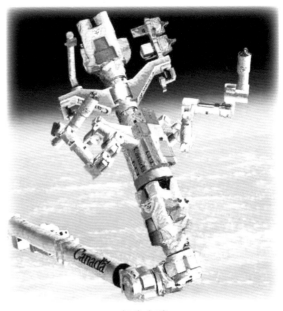

加拿大臂

舱外航天服

外骨骼机器人是一种可穿戴式机器人，人可以将其穿在身上来增强体力，还可以保护身体免遭恶劣环境的影响或补偿身体的运动缺陷。空间使用的一种有趣的外骨骼是机动宇航服，它就像人造外骨架放大装置，通常它们由宇航员控制，在太空以及行星表面的重力场条件下很有用。第一个外骨骼机器人称为哈迪曼，由美国通用电气公司在 20 世纪 60 年代建造。外骨骼机器人内部的人类操作员与外部环境完全隔绝，从而防止可能的化学和细菌攻击，多多少少有点像穿着宇航服。在身着太空服的宇航员的直接控制下，类似遥控机械臂的有动力的太空服会对宇航员舱外活动有很大帮助，可以减轻宇航员的疲劳并提高安全性。这类机器人太空服克服了因太空服的笨重造成的不灵活，便于宇航员完成在地球上难以做到的工作，并且为宇航员提供比普通太空服更好的环境防护。

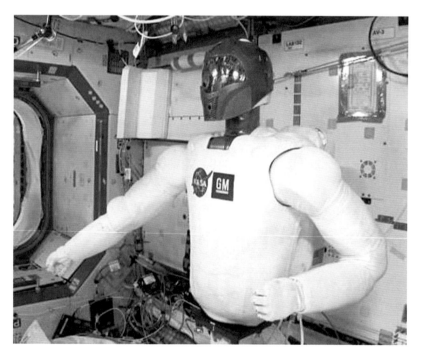

外骨骼机器人

舱外航天服

柯林斯公司生产的舱外航天服（EMU）可以保护宇航员免受速度高达 27358 千米每小时的微流星体的伤害，也称为"世界上最小的航天器"。它的内部容积约为 0.15 立方米，大约是一个小型冰箱的大小，包含宇航员生存所需的一切：氧气、水、温度控制和二氧化碳调节等。这套装备使布鲁斯·麦克坎德勒斯成为第一个在太空中自由飘浮（即通常说的太空行走）的宇航员。

机器宇航员

发射进入太空的机器人不仅要质量轻、可靠性高，而且要能够在太空环境下运行。空间机器人必须经受得住发射与返回过程中的强烈振动，以及在长期无维修的条件下适应行星上高真空（带来润滑问题）、大温差、辐射与灰尘过重的环境。2012 年，"发现号"航天飞机的最后一项太空任务是将首台人形机器人送入国际空间站。这位机器宇航员被命名为"R2"，它的活动范围接近于人类，并可以执行那些对人类宇航员来说太过危险的任务。

空间机器人通常安装有操控装置，大多数情况下，类似于人的手臂或动物的肢体。一个机械臂起始于肩膀，中间关节是肘，连接末端执行机构的是腕，如果后面是个操控装置，则被称为手，手通常有一些手指。在特殊情况下，腕上安装了某种特别的工具而不是普通的手来完成确定的工作。很多情况下，机械臂可以自动更换末端的执行器。

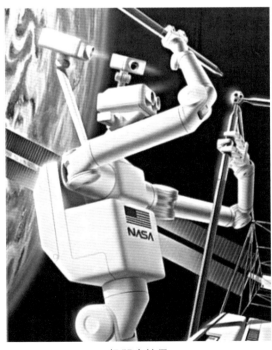

机器宇航员

背部进入的舱外航天服

海洋机器人

你将了解：

海洋环境的特点

海洋机器人的优势及技术困难

无人水面艇和无人潜航器

海上无人机

海洋环境

如果说宇宙是真空的世界，那么海洋就是高压的世界。无论哪一处，对于人来说，都是不好对付的地方，因此必须让机器人代替人类进行活动。地球的表面大约 70% 是海洋，从可以游泳的浅海到超过一万米的深海，被人类探索的只不过是很小的一部分。要想很好地了解海洋，必须潜入海洋中去调查。但是，每加深 10 米，水的压力就增加一个大气压，潜入海中 100 米深时，周围已经变成漆黑的世界。尽管身穿潜水服，人所能潜入的深度充其量不过 100 米左右。

海洋机器人

海洋机器人既不需要氧气，又是由耐高压的金属制成的，适于代替人在海里活动。由于海洋环境的特殊性，制造海洋机器人比制造陆地机器人要难得多。海浪和激流会使船偏离航道，海洋上的可见度也更低，有时通信也会更加困难。而且，海水的腐蚀作用会使海洋机器人比陆地机器人更容易产生机械故障。然而技术上的难题并不能阻挡人类在海洋机器人方面的创新和探索。

无人水面艇

　　一系列用于海洋战争的机器人已经纷纷问世，有的像船一样在海面作战，有的像潜艇一样在水下作战。其中第一类机器人叫作无人水面艇。很多无人水面艇仅仅是将陆地机器人的传感器和一个远程遥控装置安装在了一条船上。比如，"斯巴达侦察兵"是一艘长 7.9 米的摩托艇。这艘摩托艇靠全球定位系统导航，能独自航行长达 48 小时，最快速度为 80 米每小时。"斯巴达侦察兵"装满了传感器（包括昼夜摄影机），负责监视、巡逻海港并检查任何偷偷接近海军舰艇的可疑船只。

　　上海大学成立了国内第一个无人水面艇专业研究机构——无人艇工程研究院，他们研发的"精海"系列无人艇已经成功实现了在南海岛礁、南极罗斯海等海域的应用，可以在岛礁、浅滩等常规测量船舶无法深入的高危险性水域进行作业，可以精准地按照规划航线进行自主航行并智能躲避障碍物。

上海大学无人艇

"斯巴达侦察兵"摩托艇

无人潜航器

　　另外一种类型的海洋机器人是无人潜航器，它们扮演着各种各样的水下角色，用来对海岸、暗礁和失事船只进行自动搜寻，或清理航道的水雷和爆炸物。如"水下龙虾"主要在波浪起伏较大、离海岸较近的水域工作。人类得为诸如呼吸器官因水压而破裂这种事情担忧，而像小型机器人船这样的系统已经可以在 6 级海浪中执行任务了。6 级海浪意味着海面波涛汹涌，浪花可达到 5.5 米或更高，船员若在此种环境下可能会粉身碎骨。

水下龙虾

无人潜航器

海上无人机

　　最新颖的海上无人机可能非"鸬鹚"莫属了，这是一款从潜艇上发射的无人机。鸬鹚的新颖之处在于，它不但是无人驾驶的，而且还能在潜艇隐藏于水下时发射或返回。这架无人机的机翼就和海鸥的翅膀一样大，能被压缩到导弹发射管道中。潜艇的指挥官无论何时想要侦探水面上的情况，或发起一次出人意料的空袭，这架无人机都能从导弹管道中发射出来，漂浮到海面上，然后使用经改造的火箭助推器飞到空中。之后，这架无人机会沿指定的地点返回。它会在水上降落，沉到水下，并从后部回到潜艇的怀抱中。

海上无人机"鸬鹚"

中国机器人之父——蒋新松

由蒋新松担任总设计师的中国第一台水下机器人"海人一号"样机首航成功,1986 年深潜成功,技术上达到 20 世纪 80 年代世界同类产品的水平。

蒋新松

水下机器人"海人一号"

1986 年之前,我国研制的都是有缆遥控水下机器人,工作深度仅为 300 米。后经过 6 年的艰苦努力研制出两台先进的无缆水下机器人。1994 年"探索者"号研制成功,它甩掉了与母船间联系的电缆,工作深度达到 1000 米。1995 年春,6000 米 CR-01 型无缆自治水下机器人经中俄两国科学家的共同努力研制成功。这一重要成果使我国跻身于世界机器人研究强国的行列。CR-01 型水下机器人的本体长 4.374 米,宽 0.8 米,高 0.93 米,它在空气中的质量为 1305.15 千克,续航能力 10 小时,定位精度 10~15 米。它是一套能按预订航线航行的无人无缆水下机器人系统,可以在 6000 米水下进行摄像、拍照、测

CR-01 型水下机器人

量、海底沉物目标搜索,并能自动记录各种数据及其相应的坐标位置。

蒋新松是中国机器人技术的奠基人和先行者,被誉为"中国机器人之父"。他曾经说过:"生命总是有限的,但让有限的生命发出更大的光和热,让生命更有意义,这是夙愿。"

医疗机器人

你将了解：

医疗机器人的分类

常见的医疗机器人

医疗机器人的分类

医疗机器人可以简单分为两类：一类是作业型机器人，如护理机器人、诊断机器人、手术机器人等；另一类是补充功能机器人，如导盲犬机器人、电动假肢机器人、康复机器人、救护车机

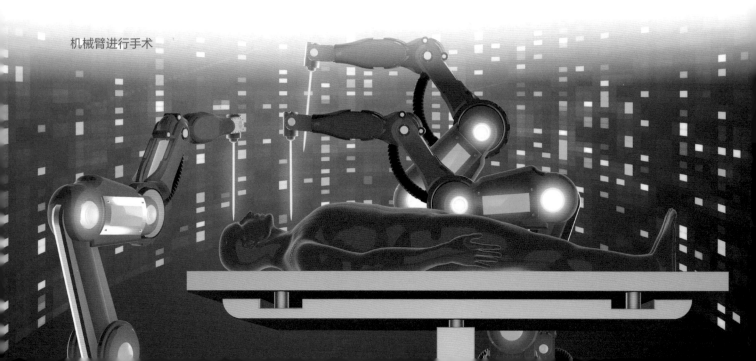

机械臂进行手术

器人等。比如，导盲犬机器人的优点是不需要喂食，也不需要像对待活的动物一样去照看它们，它们不会排泄或弄脏环境，清除这些东西对老年人来说是很麻烦的事情。

假肢机器人

众所周知，人的胳膊、手和手指在生活或工作中起着很大作用，所以万一不幸失去其一部分或者全部，就会给人带来极大的不便。因此，以大学和研究机构为中心，许多部门都在积极研制人造四肢，也就是通常所说的假肢。人造假肢的开发，目前已经取得了惊人的进展，科学家们研制出一种利用肌肉电流控制胳膊动作的"全胳膊假手"。

现在假手的控制可以是生肌电控制，采集肌肉运动时其表面附近产生的微弱变化信号；也可以用脑电波控制，采集人脑在思考时产生的微弱变化信号……这种建造人工手臂的设计构思，也被用于机械手的设计。

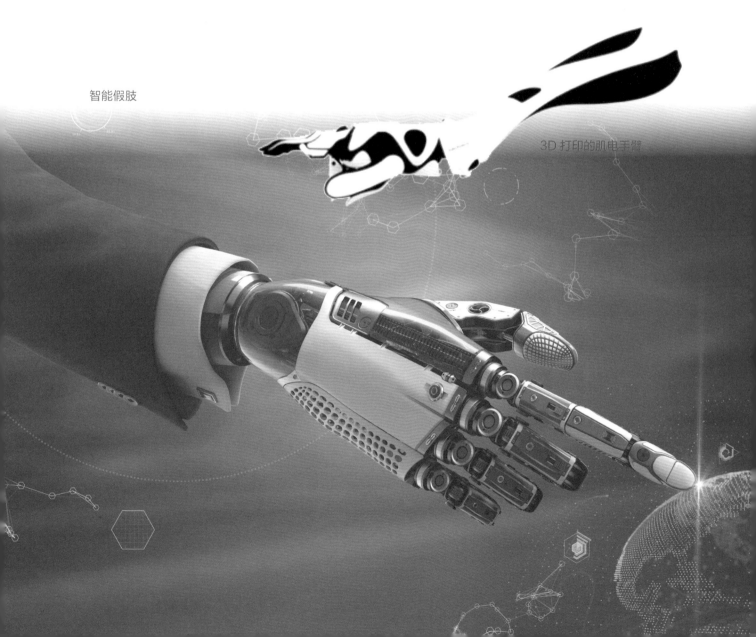

智能假肢

3D 打印的肌电手臂

外骨骼机器人

　　康复机器人中的外骨骼技术可以增强人体行动能力、减轻负重，通常由金属或碳纤维等材料制成，它可以帮助患有严重关节炎等疾病的人克服行动困难，也可以用来帮助健康人进行登山活动，以减轻膝盖的负担。日本研发了一款无需电源的步行辅助器 Acsive，这款辅助器的腰部设有优质弹簧，把辅助器安装在伤病腿的一侧，当人走动时，由于伤病腿无法前移会落后于身体，这时辅助器上的弹簧就会被压缩，从而储存能量，然后利用弹簧的能量，使大腿和小腿依次向前挪动，从而完成行走。

步行辅助器 Acsive　　　　　　　　　　身穿创新外骨骼或外衣的人

智能轮椅

　　霍金是当代最伟大的物理学家之一，20 多岁时他不幸患上渐冻症，后半生的行动和说话都只能依靠一台特制的轮椅，甚至连著名的《时间简史》也是通过这台轮椅来完成的。研发者将霍金的轮椅配上人工智能，他可以通过面部表情来打字。轮椅上的屏幕用于写稿，收发邮件，听电话。轮椅上还有一个万能遥控器，通过红外线可以操控霍金办公室和家中的电视机、音响、灯光、门窗等。同时霍金的轮椅上还安装了多功能感应系统，搭载了各种传感器，能实时检测霍金的健康状态，记录轮椅的使用状况。

霍金和他的轮椅

护理机器人

　　把机器人用于医疗看护领域，帮助身体有缺陷的人做他们力所不及的事情是医疗机器人的一个重要发展方向。看护身体有高度障碍的病人和卧床的老人是很繁重的劳动，对于护士来说无论是精神上还是身体上的负担都很重。因此，需要研究和开发护理机器人来代替护士工作。例如，为了把护理人员从移动、抱送病人等繁重的劳动中解放出来，护理机器人可以通过自动伸缩机械手，把病人从床上抱起来，还可以在走廊和病房内向各方向移动。机器人可以帮助患者拿一本书，或取出患者的食物和饮料送到患者的嘴里，甚至能把病人抱进澡盆中为病人洗澡。这类机器人可以让护士们腾出手来去做那些必须经过教育和训练才能从事的复杂而细致的工作。例如，新松的智能一体化床椅机器人可以帮助使用者自己翻转、抬腿，而且一键变身成智能移动椅。

新松智能一体化床椅机器人

上海大学开发的 iRemod 上下肢康复机器人

手术机器人

　　并联型机器人可以极大提高结构刚度，即变形更小，因而精度更高，可以减少医生在外科手术中手的抖动。利用手术机器人，外科医生可以通过非常小的切口以无与伦比的精度执行最复杂和最细微的手术，从而将一些复杂手术简化为微创手术，减少术中出血，减轻病人的痛苦。目前，手术机器人已经广泛用于心脏外科、脑外科和小儿外科等多方面的手术。它采用主从式远距离操作模式，手术时外科医生坐在远离手术台的控制台前，头靠在视野框上可以看到放大 10 倍的图像。医生双手控制操作杆，手部动作传达到机械臂的尖端，完成手术操作，增加了操作的精确性和平稳性。

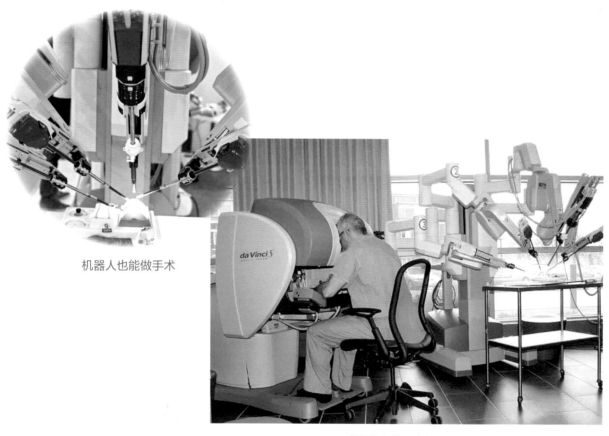

机器人也能做手术

"达芬奇"手术机器人

一段"达芬奇"手术机器人缝制葡萄皮的视频曾经在网络上走红。视频呈现的是，在一个小玻璃瓶内，一颗葡萄在接受机器人做手术。手术由一台叫"达芬奇"的手术机器人完成，它先用机械手撕开一颗葡萄的表皮，接下来又成功缝合了葡萄的表皮。葡萄的长度不到 2.5 厘米且非常脆弱，葡萄皮的厚度也不到 1 毫米，在机器人缝完最后一针之后，葡萄基本上保持完美状态。整个手术过程快速精准，令人称奇。

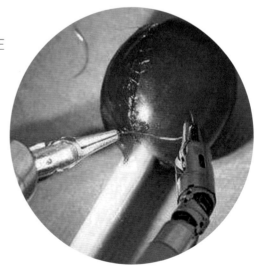

"达芬奇"手术机器人给葡萄"做手术"

诊断机器人

疾病诊断是医疗实践中最核心的部分，但有时候在血检或胸透时，可能存在医生没有察觉的细微情况，而诊断机器人能提供更多特定的诊断服务。例如，远程诊疗机器人内嵌有 B 超和电子听诊器等诊断设备，可以远程实时监控病人的情况。

患者机器人

患者机器人（也称为医用教学机器人）能够用来培训医生，在它那用塑料制成的身体内部设有精巧的装置，可以表现出和患各种病的病人完全一样的症状。以患急性肺炎的情况为例，患者机器人可以和真的病人一样发高烧，呼吸节奏和心脏跳动紊乱。另外，对患者输氧或麻醉时会有什么样的效果，也可以利用这个机器人加以观察。患者机器人最大的优点是可以随意地调节疾病的症状，无论是严重的肺炎还是较轻的肺炎都可以按照希望的症状显现出来。使用这种机器人来进行临床试验，可以让医学院的学生们在有了充分的知识、见习各种病状之后，再去诊查真的病人。

远程骨科手术机器人

骨科手术机器人由光学跟踪系统、机械臂和主控电脑三部分组成。手术时，医生先进行透视形成手术部位的三维地图，规划好手术路线，然后一边由光学跟踪系统进行导航，准确指示进钉位置，一边由机械臂在正确的位置进行精准操作。骨科手术机器人解决了传统骨科手术看不见、打不准、拿不稳的三大难题。由机器人手术引导，术中可以精确设计螺钉长度和置入位置，避免手术失败。

远程骨科手术机器人

2019 年 6 月 27 日上午，北京某医院的医生在机器人远程手术中心，通过远程系统控制平台与嘉兴市和烟台市的医院同时连接，成功完成了全球首例骨科手术机器人多中心 5G 远程手术。此次手术不同于过去远程视频会诊指导手术和远程手术规划，而是通过 5G 通信技术，从"遥规划"成为"遥操作"，真正实现了远程操控骨科手术机器人实时手术。

随着 5G 技术的发展，能够快速传输高清 4K 画面，能够更加实时、稳定地传输手术机器人远程控制信号。未来，远程机器人手术的应用会更加广泛，对提升医疗服务质量、医疗技术均质化都有重要意义。

服务机器人

你将了解：

服务机器人常见的应用场景

服务机器人的代表之一：对话机器人

具有情感的 Pepper 机器人

服务机器人的未来发展

服务机器人在哪里

服务机器人在人类身边工作，帮助人们完成特定的任务，所以也称"合作型机器人"。服务机器人常见的用途有递送物品、指路或回答问题、安保巡逻等，它们可以自动完成工作任务。相比大多数工业机器人都是固定在装配线上，个头很大，为了安全会被安装在防护栏后，服务机器人则更多出现在繁忙的公共场所，比如，在商场、酒店、餐厅、医院、养老院、办公室和高层公寓自由移动。和工业机器人相比，服务机器人在技术上的挑战更大，它们为了公共安全需要不断感知周围环境并及时做出反应以避免发生碰撞。

对话机器人

对话机器人也称聊天机器人，是目前最常见的服务机器人之一，它使用最多的场景是销售服务和客服领域。客户屏幕上弹出的对话内容大都是机器人所说，遇到机器人解决不了的问题时真正的客服人员才介入。

机器人对话帮助服务

就如对话机器人一样，虽然服务型机器人可以帮助我们提高效率，但它们完全没有同理心，不会协商沟通，也缺乏情感，更不具备处理"意外"的能力。所以，尽管有些工作已经由机器人来承担，但还是离不开人类。无论是生产效率和安全，还是生产品质，人机合作的团队无疑更有竞争力。

具有情感的 Pepper 机器人

接近人类的机器人与"阿尔法狗"围棋机器人这样的例子是完全不同的，就目前的技术来说，想要完全实现我们想象中的人性化的机器人还是非常困难的。Pepper 是一款被设计为人型的机器人，于 2015 年 6 月开始在日本公开销售，在当时引起了非常大的关注。Pepper 不仅搭载了人工智能，还搭载了一个感情地图程序，这种程序将人类的各种情感进行了大致区分。它还搭载了摄像头和麦克风来读取人类的表情和情绪，并将读取到的信息反馈到接下来的行动中。例如，Pepper 和人类第一次对局输了之后，本来是有点沮丧的，但当它用摄像头和麦克风认识到每次自己输掉时周围的人就会很开心之后，它的"情绪"看起来就渐渐好转了。这是因为它的程序中融入了这样一个认知——人类的情感会被周围的气氛所感染。

Pepper 机器人

服务机器人的未来

机器人在声音识别和画面认知方面，有远超人类感知能力的传感器作为支持，从这个意义上来说，它的眼、耳、鼻都会比人类更胜一筹，将来它也可能会拥有"五感"。随着老龄化社会的到来，看护问题是我们不得不面对的一个难题。作为对策之一，未来使用大量具备体贴、温柔特性的机器人来从事相关工作，未尝不是一个可行之道。不久的将来，医院、校园、商场等场所都会有更多机器人提供服务。

抗疫立功的服务机器人

2020 年，新型冠状病毒肺炎疫情的暴发让"无接触"一词成了高频使用的词汇，无论是专业的医疗领域还是日常生活场景中，减少人员接触都是必要措施。在这期间，各路服务机器人大显神通，让大众真实感受到了机器人的重要性，体会到了机器人在"少人化""无人化"场景中的特殊作用。

智能的配送机器人为一线人员和隔离人员送餐、送药等，不仅提升了工作效率，也极大地减少了交叉感染的可能性。自动消毒机器人、自动门岗机器人、移动配送机器人和导诊服务机器人在医院、学校、写字楼等不同场景应用，快速验证人员身份并进行体温筛查。室外巡逻机器人也装上了消杀设备，在室内外进行消毒，它们还能移动测温，巡逻监督行人的口罩佩戴情况等。

娱乐机器人

你将了解：

娱乐机器人是什么样的

有名的宠物机器狗"爱波"

娱乐机器人是什么样的

娱乐机器人以供人观赏和娱乐为目的，具有机器人的外部特征，可以像人、像某种动物、像童话或科幻小说中的人物等。同时，它们具有机器人的功能，可以行走或完成动作，可以有语言能力，会唱歌，有一定的感知能力，如由上海大学开发的京剧表演机器人和巡游亮相世博园的"海宝"机器人。

京剧表演机器人

"海宝"机器人巡游亮相世博园

宠物机器狗"爱波"

给人印象最深的娱乐机器人无疑是宠物机器狗"爱波"，它可以对颜色、音调和头的触摸产生反应，令人称奇的是其流畅、逼真的运动。

宠物机器狗的创造者——土井利忠

土井利忠在家用机器人的研发过程中，将机器人的外形设计成小狗的样子，成为人们家庭生活的小伙伴，这就是机器狗"爱波"（Aibo）。它可以对100条命令做出回应，并且可以说话。第一款产品在日本发售时，3000台产品不到20分钟就销售一空，可见用户对机器狗的喜爱。

土井利忠和宠物机器狗"爱波"

下面是机场安检装置中看到的"爱波"，它的内部结构复杂得让机场安检人员都看花了眼。"爱波"之父土井利忠的初衷是为了研究利用传感器取得信息，设置相对应的程序。比如，在机器人身上安装感应器，右侧撞到东西就往左拐，撞到左侧就往右拐，如果左右都有东西就后退。可是实际做起来要复杂很多，因为你永远不知道那些主人会喊出怎样的口令。

"爱波"利用人工智能系统模拟喜怒哀乐，并且会自己走来走去以尽量看起来像条真狗。它能够跟外界沟通，表达不同情绪，并且还有感情、运动、食欲等如同真实动物一样的本能。这只机器狗的鼻子上装有能够识别主人表情的摄像头，还能通过可以发光的眼睛和动作来表达自己的情感。

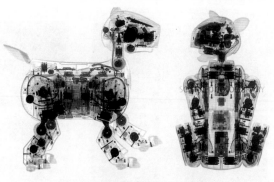

机场安检装置中看到的"爱波"

机器人"世界杯"

　　另外还有形形色色的娱乐机器人，如长笛演奏机器人、书法机器人、足球比赛机器人等。现在，经常抛头露面的娱乐机器人，由于能歌善舞，能说会道，很招人喜欢，它们常在展览会上接待客人，招揽生意，这已经不再是新鲜事了。

 想一想

　　你还知道哪些类型的娱乐机器人？如果能选择，你想要一个什么样的娱乐机器人？大胆畅想一下吧！

各式各样的娱乐机器人

　　音乐机器人 Rolly 是一个跳舞音乐蛋，可以存储 188～1370 首歌曲。

　　悟空机器人是一款便携式智能机器人，可应用于家庭、社交、教育、办公等多个场景。悟空机器人动作灵敏，拥有丰富的表情，并具备舞蹈运动、语音交互、智

音乐机器人 Rolly

能通话、人脸识别、绘本识别、视频监控、物体识别等功能，还会图形编程。

恐龙机器人 Pleo 是"有生命形态的宠物"，当年被美国时代杂志评为"电子产品十大发明"。一只 Pleo 里面有 700 个零件、8 个电脑芯片，运算速度高达 6 千万次每秒，内含 38 个感测器，用来侦测光线、动作、触摸与声音，用来将周遭环境的讯息搜集起来。Pleo 装配 14 个马达，让其动作更流畅。

Pleo 是一个完全智能的产物，刚刚买来的 Pleo 就像刚出生两个星期的小恐龙，需要经常喂食，并且睡觉的时间比较多。随着时间的推移，小 Pleo 逐渐成长，开始出现打哈欠、打喷嚏等生命现象。当主人抚摸它的头、背、下颚等敏感部位，它会记录下这些感受，并表现出舒服、愉快等表情。当主人抱着 Pleo 时，它会张开四肢，依偎在主人怀里，一会儿还会睡着，打呼噜。

Pleo 在成长过程中，有着超凡的自我学习能力，它能学会"跳舞""翻身"等特技动作。当它有了新发现，或是碰到"障碍物"，或是摔倒时，它都会记录下来，等再次遇到这种情况时，它会发挥自我意识，采取相应的措施。随着不断学习，Pleo 会成长为一个具有各种处理问题能力的"生命"体。

Pleo 在日常生活中会表现出自己的喜、怒、哀、乐等情感特征，像真正的生命体一样向主人表达。每一只 Pleo 会培育出自己独特的性格，经常得到主人呵护的 Pleo 会性格开朗、顽皮，反之会胆怯、孤独。可以说，没有两只完全一样的 Pleo，只要你耐心地训练它，你就可以得到一只与众不同的 Pleo。

悟空机器人

恐龙机器人 Pleo

3

机器人为什么这么能干

机器人的组成和身体

你将了解：

机器人的三个关键元件

机器人的基本组成部分

机器人的手臂

机器人的腿脚等

上海交通大学的蒋厚宗教授和上海大学的方明伦教授于1988年同时负责完成了"上海一号""上海二号"机器人的研究，这是中国自主研制的最早的6自由度和5自由度关节机器人。

机器人的三个关键元件

总体来说，虽然目前对机器人有很多种定义方式，但是各种定义有两个共同点，即可编程性和功能多样性。前沿机器人学家乔治·贝基在2005年写道："机器人是可以感知、思考和行动的机器。因此，一个机器人必须具备传感器、可以模拟某些认知的计算能力，以及驱动器。"也就是说，机器人是基于人类称为"感觉—思考—行动"的模式制造出来的机器，它们作为人造装置拥有三个关键元件：监控外部环境并探测环境变化的"传感器"，决定如何做出反应的"处理器"或"人工智能"，以及根据命令对环境做出反应，对机器人周围的环境做出某种改变的"效应器"。当这三个部分一起作用时，一个机器人便拥有了人造有机体的功能。如果一台机器缺少这三部分中的任何一个，那么它就不能被称为机器人。

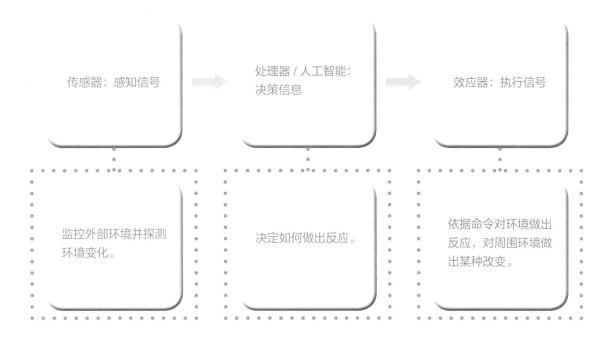

机器人的基本组成

如果用"感觉—思考—行动"模式来定义一个机器人,那么一个完善的机器人通常要由运动机构、感知系统、控制系统和动力能源(驱动器)构成。而其中每个部分都有各种各样的选择,这些部分又可能组合出几乎无限多的形式,因此,机器人并没有一种固定的外表。

运动机构

运动机构是指机器人的身体,它决定了机器人的运动空间,例如,工业机器人的手臂有串联型和并联型,步行机器人的腿有步行机构、轮式机构、履带式机构、爬行机构和混合机构等几种,还有各类仿生机器人用不同的机构实现不同的功能。因此,机器人手爪不一定必须原样模仿人的手指,可以根据工作的类型装上合适的工具。下面简单介绍运动机构中的推进系统和操纵器。

推进系统(能让机器移动的装置)是效应器中最基本的类型。在地面上,从车轮、履带到机器人的腿都属于移动效应器。到目前为止,机器人专家仍然感觉到很难为机器人建造一双合适的腿,其挑战在于机器人的腿部既要完成移动的任务又得保持平衡。

就好像我们的四肢不仅能让我们活动,机器人的运动机构也不只是起到推进的作用。例如,机器人的手臂就是它的操纵器,能够触摸、抓举或捡拾物品。但是,和我们的手臂一样,机器人如何与环境互动真正取决于装在操纵器末端的工具,它可能是像手指一样的钳子或是锯子。

感知系统

感知系统一般包括视觉传感器、激光测距传感器、超声波测距传感器、接触和接近传感器、红外测距传感器和雷达定位传感器等。为了让机器人正常工作，既要用内部传感器对机器人自己的位置、姿态、速度进行监控，还要将外部传感器安装在机器人身上，感知机器人所处环境的静态和动态信息。由此可见，传感器技术的发展对智能机器人的应用和发展起着至关重要的作用。传感器是高技术产业，全世界生产传感器已经超过两万种产品，但是现在中国国内仅能自主生产其中约 1/3 的产品。

控制系统——机器人的智能来源

机器人的大脑就是控制系统，后面会具体详细介绍。字典里对智能的定义是"能在一种不确定的环境中做出合适的行动（或者做出合适的选择或决定）的能力"。举例来说，如果告诉计算机"雨是水的一种形式"和"水落在皮肤上会湿"，那么当有人讲"我刚才淋了雨"的时候，计算机就可能推导出人身上是湿的。

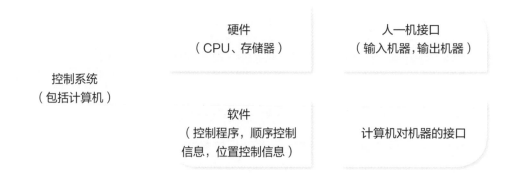

动力能源（驱动器）

动力能源（驱动器）是用来使机器人发出动作的动力机构，用来提供机器人的运动。根据驱动原理，驱动器可分为气动、液压和电动三种类型。对于电机（包括直流电机和交流电机）而言，电机加上传动装置（如齿轮）合称为驱动器，而对于气动和液压系统，无论有没有传动装置，只要系统提供机器人运动，就称之为驱动器。

运动机构的设计通常由机械工程师承担，而感知系统与控制子系统的设计通常分别由计算机工程师和电气工程师承担。在机器人这个领域跨学科研究很常见，例如，机械工程师可能致力于研究智能，而计算机和电气工程师也可能涉及机器人的运动仿真和设计。

机器人的手臂

人的一只手臂有 27 个自由度，其中 20 个在手腕和手指上。要模拟一个如此复杂的、系统的动作，必然会使机械变得极为复杂、极为庞大，而且工作的可靠程度极差。机器人当然不需要这么多运动效能，只要使它具有最少的最佳动作来完成面临的任务，同时不丧失必要的灵活性就可以了。处在自由状态的任何物体都具有 6 个自由度，可以沿 3 个坐标轴移动并且能绕轴旋转。所以，现代的机械手总共有 6~8 个自由度。图中是工业机器人的操作臂以及与之对应的人体部分。

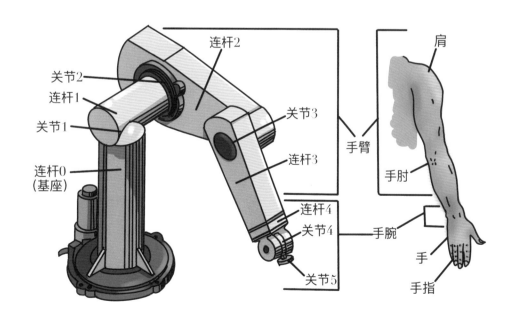

机械臂与人的手臂

机器人的臂用来举起和移动各种物体。一般来说，臂越长越容易变形，还会导致振动，使精度降低。为了减少这个有害后果，必须采取相应措施减少手臂的质量和长度，也可以增加加强筋，它就像是附加的"骨骼架"。

形形色色的机器人"手"

人的手可进行多种工作，机器人则不然，它必须根据用途随时换手，才能完成与人的手同样的工作。机器人的手称作末端执行器，机器人根据任务的不同，可以使用钻头、滑轮、磁铁、激光器、声波冲击器甚至渔网作为末端执行器。科学家们也在仿生手的开发中进行了大量的研究。我们想想动物的"手"和肢体有多少种吧：鳍和爪，吸盘和螯，大象的鼻子，猴子的尾巴，章鱼的触角……机器人的"手"的终端装置也是形形色色的。

最流行的机器人"手"是像鸟嘴或蟹螯一样的"二指爪"。如果要求更牢固、更安全地抓住零件，尤其是抓住圆形零件，就要使用三指爪——几乎跟鸟的爪子一样，小鸟轻易就能站立在圆形树枝上。如果零件又粗又长，那就要使用多爪抓钩——用几个二指爪或三指爪从许多地方同时抓住长管子；输送液体使用斗勺，抓取散体物使用三爪小斗勺，它就像甲虫翅鞘或叠拢的郁金香花瓣；如果零件是很大的平板形的，那就使用类似章鱼身上的吸盘，吸盘的特殊形状和柔软性不仅可以抓取光滑的钢板、塑料板、玻璃板，甚至连波纹状零件或带图案的冲压制品也能抓取起来。机器人还有磁性抓具，可以稳稳抓住钢件和铁件。抓取管型和空心圆柱体零件时使用可以张开的抓爪，或者干脆使用小棒子穿在圆管里。

机器人的"手"大小也各不相同，有几吨重的大爪子，也有同微电子产品和钟表打交道的小镊子，有像胡须一样细的手指专门用来跟在显微镜下才能看得清楚的零件打交道，还有像人手的五指"手"。

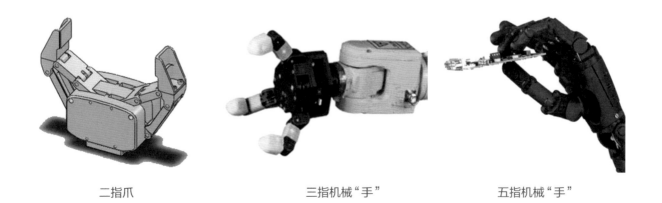

二指爪　　　　　　　三指机械"手"　　　　　　　五指机械"手"

机器人的腿脚

机器人通过使用类似于腿的装置来移动自身，根据机器人腿的数量，可以分为类似人类或鸟类的两足、类似猫和狗的四足、类似昆虫的六足和类似蜘蛛的八足。另外，机器人腿的结构也可以用非动物结构，即可以有任意条腿，比如可以是三条腿。

机器人的几种移动方式各有利弊。轮式和履带式高效，但对地面的平整度要求较高。步行机器人比轮式或履带式机器人表现出更好的灵活性，可以克服更高的障碍物，可以通过调整腿部长度适应高度不规则的地形，从而更平稳、更有效率，可以在硬质和松软地形、有沟壑的地形、楼梯等有效移动，不受干扰，并且对地面环境的破坏小。步行机器人可以用在核电厂检测，陆地、水下和空间检测，林业和农业任务，等等。但是，步行机器人也有缺点，第一是设计更复杂，第二是速度没有轮式机器人快，第三是成本高。总体上，机器人的制造成本与其复杂性成正比。下面将简单介绍不同腿脚的机器人及其特点。

六足机器人 VS 四足机器人

六足机器人比四足机器人更稳，同时科学家已经证明，六足机器人比四足机器人速度更快。但是更多数量的腿意味着更复杂的机构和更庞大的电子与传感器系统，因此失败的可能性也会增加。根据记录，在自然界中，没有超过 100 克的六条腿动物可以在陆地上行走，因此重达几百克甚至几吨的四足机器人比六足机器人效率要高得多。

四足机器狗

六足机器人

双足机器人

双足行走的动物比多腿行走的动物出现的时间要晚得多，或许是因为必须等到进化出一个更强大的大脑才能够控制好平衡。双足机器人除了拥有更发达的控制器，用两条腿行走也需要更复杂的传感器来确定万有引力场的方向。双足行走的机器人的腿的自由度数目通常是 5 或 6，大于多足机器人自由度数目（最小是 3）。

轮 – 腿混合机器人

脚部带有大轮子的多足行走机器人有一个优点——能使车子高于地面以便避开障碍。腿上安装一个大型车轮，可以让机器人在粗糙的地面上运动，相反，使用非常小的轮子可以提高机器人在水平地面的速度。如 NASA 建造的全地形六腿外星探测机器人 ATHLETE。

步行机器人

外星探测机器人 ATHLETE

履带 – 腿混合机器人

履带 – 腿混合机器人通过变化履带的不同几何形状来代替腿，如 RHEX 行走机器人。

跳跃式机器人

跳跃式机器人是一个小球形物体，里面装有弹簧，能够在地面上跳跃。

雪橇板式机器人

雪橇板式机器人的雪橇板就像一个加长的脚，可以在地面上滑行。它们唯一的优势就是比较简易，但是有许多缺点。

RHEX 行走机器人

无足机器人

无足机器人也称为蛇形机器人，就像蛇在地面上滑动或虫子蠕动。蛇形机器人可以用来探索小型洞穴，但是它们往往速度慢且不容易在身上安装物品。另外，蛇形机器人还可以把头部和尾部相连进行翻滚动作。

机器人的其他结构

机器人的"嘴"是扬声器，在简单的情况下可以用蜂鸣器发声。机器人的"嘴"向外界发送信息时，为了让声音能为人所理解，背后还要有信息系统，比较简单的情况是磁带录音机，在高级场合则需声音合成装置。机器人的"耳朵"和"眼睛"等结构将在机器人的感觉这部分内容中详细介绍。

其实，一个机器人也没有必要一定是能移动的，因为移动性只是改变周围环境的方式之一，工厂流水线上工作的机器人就不用移动也能代替人完成工作。

单足跳跃机器人

三足机器人

远程控制的蛇形机器人

机器人的材料

你将了解：

机器人制造中的新材料技术

机器人制造中的轻量化技术

3D 打印在机器人制造中的应用

新材料技术

可以说机器人是各种技术的集大成者，机器人研究需要时刻紧盯其他技术的进步，也为其他技术发展提出问题和需求，要恰当地使用各种技术。

大部分实体机器人都需要有一个"身体"，才能实现各项功能。就拿无人机来说，它必须具备长距离飞行的能力，还要安装高清摄像机、雷达、其他传感器等。在机器人的应用领域，材料无疑起着关键作用。

制造机器人所需的材料，通常以钢铁、铝合金、橡胶或塑料为主，近年来出现了一种碳纤维增强塑料，其特点是质量轻而强度大，最适合用作机器人的手，也可以用作机器人的胳膊。凯夫拉尔（Kevlar）是一种常用于防弹背心的合成纤维，覆盖在机器人外表可以保护机器人外部的敏感部件，在异常炎热或寒冷的温度下维持机器人的功能。英国的研究人员使用石墨烯，开发出了一种触觉比人手更灵敏的机器人电子皮肤。

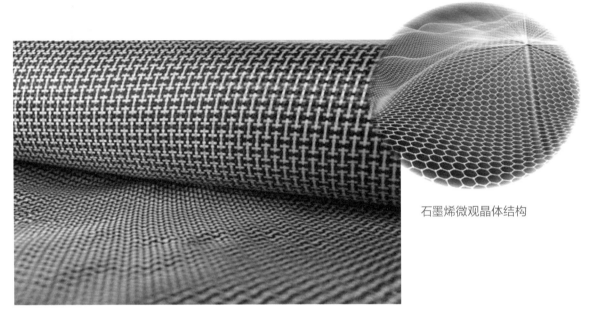

石墨烯微观晶体结构

用于防弹背心的材料——凯夫拉尔

　　无论是使机器人的"皮肤"更仿真、更柔软的高分子聚合物，还是制造无人飞船用到的碳纤维和航空金属材料，以及可以根据需要来绝缘或导电的"智能"面料，材料科学的这些创新都推动了机器人的发展。比如，仿真女机器人采用了一种动作捕捉系统，制造出可变动的橡胶脸，可以模仿人类的微笑、咧嘴大笑和皱眉等动作。

仿真女机器人

仿真皮肤

轻量化技术

除了新材料技术之外，轻量化技术在机器人的应用领域中也非常重要。一方面，机器人如果质量太大，电池的使用时间会大打折扣，因为电机功率是与质量相匹配的，机器人越重，电机就越大，就会进一步增加机器人的自重，缩短电池的续航时间。大部分自主机器人的设计都存在这个问题。另一方面，如果机器人的质量太大，其便携性就会变差，大部分时候机器人必须轻量化才能得到更广泛的应用。

3D 打印技术

与机器人相关的新技术中值得一提的还有增材制造（或称 3D 打印），它可以打印出类似人骨的蜂巢结构，这种结构既可提供很高的强度，又能保持低共振和轻量化。所谓 3D 打印，就是把你输入的一个包含数字设计的计算机文件在一个设备上打印出来。简单来说，3D 打印的核心技术是增量制造法，用塑料、树脂或金属（甚至糖或巧克力）等可黏合性材料一个点一个点地逐层建造出物体。因为设计文件很容易定制或个性化，所以通过 3D 打印技术可以打印出与众不同的机器人。

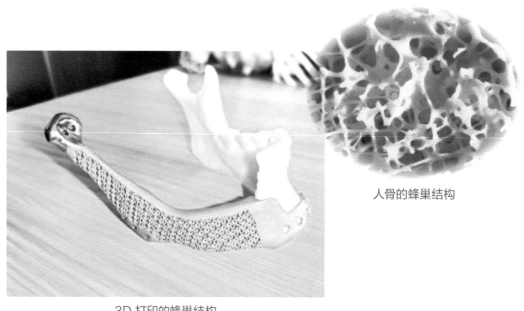

人骨的蜂巢结构

3D 打印的蜂巢结构

 **想一想**

如果你可以自主设计和打印出机器人，你想要一个什么样的机器人呢？希望它帮你实现哪些功能？你可以和朋友一起交流。

机器人的能量

你将了解：

机器人的动力来源

机器人的动力类型

谐波减速器

机器人的动力来源

　　人的身体总共有几百个自由度，它的活动是由为数众多的筋肉来完成的：手臂有 52 对筋肉，腿脚上有 62 对筋肉，脊背上有 112 条筋肉，胸廓上有 52 条筋肉，颈部有 15 条筋肉，等等。机器人的筋肉是怎样的构造呢？是什么力量让这些"铁手"举起重物并完成复杂动作的呢？或者说，机器人还有一个更重要的需求，那就是"动力"。为了使机器人能够很好地进行动作，还要有能发出动力以及传递这种动力的机构（驱动源和动力传递机构），再加上能够控制动作准确进行的机构（控制部分）。机器人的"动力"来源通常为电机，为机器人供应能量。电机决定了一个机器人的移动速度和加速度，也决定了一个机器人可以举起或托住多少质量。如果任务要求机器人举起一个装有 1 千克液体的容器，但其电机的极限仅约为 0.35 千克，那么机器人注定会失败。

本部分内容较为抽象，你可以上网观看相关介绍视频，帮助自己更好地理解。

机器人的动力类型

动力类型可以是电动的、液压的、气动的或其他能源。为了获得 100 千克以上的起重力，可以运用液压传动装置；为了把物体摆放到精密制造的生产线上，可以用电力传动装置；如挪用化学物质，则气动传动装置比较安全。此外，各种传动装置还可以结合起来使用，例如，可以使用电力传动装置作为推动装置来使液压筋肉更加有力。

小型机器人通常使用的是某种型号的电池。现在，绝大多数机器人趋向于使用可充电的电池。在太空的机器人，亦可采用太阳能或核能。

如果机器人是一种大型的或被改装的载人系统（如一辆车或一架飞机），它的主要动力供给通常来自发动机。电机的类型广泛多样，有交流电机、直流电机、步进电机、直线电机等。现在有了将电机、减速器、编码器集成在一起的集成电机，根据负载要求选择合适型号的电机，连在一起就能快速得到机器人手臂，大大加快了设计。

由集成电机连接的机器人手臂

谐波减速器

谐波减速器

电机的转速一般都很高，所以要配合减速器一起使用获得合适的转速与转矩。谐波齿轮传动是专门开发出来用在机器人上的，它有很多优点：由谐波齿轮构成的减速器质量轻、体积小、噪声小、运动精度高；可构成密封传动，因此可在高温、高压、高真空、有害气体或辐射的环境中运动；维修方便，便于检查和更换零件；等等。有了它，就可以让机器人的关节变得更轻，应用更广了。

机器人的感觉

你将了解：

机器人感觉的获取方式

机器人传感器的分类

机器人的本体感受器和外感受器

传感器技术的发展

传感器——感知环境，了解自己

传感器是机器人与这个世界的接口，换句话来说，传感器是机器人的感官。通常人类有视觉、触觉、嗅觉、味觉和听觉这五种基本感觉，而机器人在传感器方面几乎具有无限潜力。机器人可以装备几乎所有种类的传感器，并且只要有电源支持，可以配备尽可能多的传感器。

传感器并不仅仅是自动感知，机器人的编程会指定何时、如何、何地以及在何种程度上使用传感器，编程还决定机器人接收到传感器的反馈后做什么。机器人的能力受其传感器的限制，比如，机器人若只有一个可视距离仅几十厘米的摄像机传感器，它就无法看到一米远的东西，若只配备检测红外线的传感器，它就看不到紫外线，等等。

机器人是按程序办事的，例如，机器人一拿住纸杯就会往里注入水，如果要使它的握力随着水的增加而逐渐增加，就需要传感器接收到变化的信息，输送给机器人的大脑。

机器人传感器的分类

按工作方式分

机器人传感器的工作方式大体上分为两种：被动的和主动的。被动传感器仅仅通过接收信息来感知环境，比如收集周围热源信号的红外线传感器。主动传感器首先向环境中发出一些形式的信息或能量，从而收集更多的信息，其中最常见的形式是激光探测与测距，简称雷达。它会广泛地发出激光束和雷达波，这些信号会反射回来，从而绘制出一幅机器人周围的障碍地图。

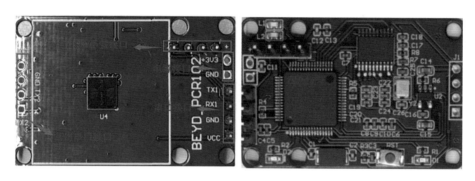

传感器芯片的正反面

按应用类型分

像大多数生物一样，机器人需要感知环境并了解自己的状态，因此传感器应用相应地分为两类：获取环境信息的外感受器和获取机器人内部参数的本体感受器。

机器人的本体感受器

机器人的本体感受器用来检测机器人自身的状态。

位置感受器

机器人的位置传感器用于测量机器人的位置坐标。机器人如果不在地面上，摄像机、接近传感器甚至压力传感器可以用于测量距离地面的高度。远程接近传感器可以用雷达、激光甚至声呐，也可以使用光学传感器。全球定位系统（GPS）和我国的北斗卫星导航系统能够用于定位，而且是免费的，但是对定位桌子上的咖啡杯、餐厅里的冰箱等物体，它们的精确度还不够，因为建筑物和桥梁等设施会阻断它们的通信。

其他各式各样的感受器

里程计是测量行驶距离的传感器，通过测量车轮的旋转来提供准确的行驶距离。在太空中监测机器人的姿态通常使用星敏感器或太阳敏感器。在地面上，旋转电位器通过测量角度来测量机器人各部分的相对位置。另外，还有转速计用于测量不太低的速度。加速度计的成本低、可靠性高，在地面和空间机器人中都有广泛应用。测量机器人各部件的相互作用时，可以用力和力矩传感器。

机器人自诊断

机器人作为人的伙伴，也经常不断地在检查自己，看看自己是否正常。当人类患有喉炎、肌肉酸痛或者胃口不好时就会呻吟，机器人也一样，不过它们的方式不同，它们的呻吟来自铃声、警笛或齿轮的刺耳声和零件的破裂声。在好的机器人系统中，会有传感器监视着各种可动部件，一旦传感器或指示器测知机器人有什么不正常，运行人员会有简便的方法修复它。某些机器人系统具有始终监视系统中所有部件工作状况的功能，以确保它们不产生故障。传感器测得不正常情况后，便警告运行人员——需要维修了，或者它自己停止运行。同时还可以通过显示器，告诉运行人员该到哪里去检查，该怎么处置才能使它再度正常工作。这种自诊断自检查系统投入工作后，就一直处于运行状态。

机器人的外感受器

机器人外感受器的分类可以类似人类和大多数动物的感觉分类，细分为五种感觉，即视觉、听觉、触觉、嗅觉、味觉。

机器人的视觉

人从外界获取的信息中，有 80% 是依靠视觉。机器人的视力可以被定义为获取外界图像的能力，广义上可以指探测电磁波的能力。许多机器人身上都安装有摄像机，完成与生物的眼睛相同的任务。在机器人领域常用"机器视觉"这一术语来描述，不仅包括摄像机还包括从图像中提取所需信息的软件和硬件，以及把摄像机瞄准兴趣点的设备。人的视力往往只能看到电磁频谱中的可见部分，但是机器人的视觉可以看到红外光（如夜视仪和热跟踪装置）、紫外线或者 X 射线甚至 γ 射线。激光雷达被广泛用于自主机器人（包括无人驾驶汽车）的环境感知和目标分类。

当机器人需要知道一个物体的距离时，可以比较两个摄像机拍摄的照片，这就是立体图像技术。首先，机器人视觉的实现通常需要较为高级的装置，比如有一些任务需要广角镜头，而另一些任务可能需要小望远镜。其次，机器视觉通常需要强大的计算能力。作为机器人的眼睛，不仅是静态处理给定的图像，而且还需要动态控制摄像机的参量，使物体容易看到。比如，根据光线强弱、反光情况等来调节摄像头的参数。另外，即使已经获取了影像，从影像中提取有用的信息也可能非常困难，除非是针对严格限定的目标，比如警察使用的车牌摄像头。总之，视觉处理经常需要高级的装置，可是要求越高机器人的脑（即计算机）负担也越重，因此必须开发更高级的硬件，与此同时，处理的算法亦有待软件技术的发展。

机器人的听觉

机器人的听觉被定义为检测身体周围通过流体介质传播声波的能力，它是检测环境压力变化的能力，比如麦克风常用作检测高频（20~20000Hz）压力变化的传感器。机器听觉可以用在与人类合作的机器人中，利用语音识别技术，人类不用使用键盘或操纵杆等设备就可以向机器人发出命令。

机器人的嗅觉

机器人的嗅觉是识别周围环境中物质的化学性质的能力。执行这一功能的设备常被称为"人工鼻"，比如移动机器人用来完成探测爆炸物或扫雷的任务。

机器人的味觉

味觉传感器可以用来"品尝"不同的东西，并且能够检测出不同浓度的化学品。机器人的味觉是侦测食物的化学性质的能力。

有味觉的机器人

科学家们开发了一款不用张嘴就可以辨别味道的机器人，它可以帮助商家和顾客挑选食物，通过红外线探测装置知道食物的"味道"，并判断出食物的名称。它还可以用语音向用户告知有关保健和饮食的建议，比如，脂肪和糖分的摄取是否过量、水果是否到了最佳的食用季节等。辨味机器人可以判断苹果的甜度，还可以识别酸奶的品牌和面包的种类等。

辨味机器人还会"品酒"，能分辨出啤酒、葡萄酒、白酒等大的酒类，未来可能还能辨别同类酒中不同品牌的酒，甚至能辨别酒的生产年份，成为真正的"品酒师"。未来，辨味机器人还可以用于开发智能冰箱。这种冰箱可以告知用户哪些食物可以放进冰箱，如果冰箱里的食物开始变味了，也可以提醒用户及时处理。

机器人的触觉

机器人的触觉是侦测施加在身体上的力和压力的能力。用来抓住物体的机器人手爪必须具有触摸传感器，可以识别物体的位置和形状，特别是要抓住的物体容易损坏时，力传感就更加重要。人的触觉，实际上不仅包括接触到物体就有知觉的功能，而且还包括能感觉到压力、温度、疼痛甚至湿度等许多精密感觉功能。触觉中具有代表性的感觉有接触觉、压觉、力觉、滑动觉、温度觉、流动觉等。比如，无论是抓取一个光滑的瓶子不让它滑落，还是从塑料瓶里挤番茄酱时避免用力过猛，这些功能的实现都需要给机器人增加滑移侦测传感器。现在开发出了新型可穿戴柔性仿生触觉传感器，因为它和皮肤一样又软又薄，又是贴在皮肤上的电子设备，所以人们习惯称它为电子皮肤。

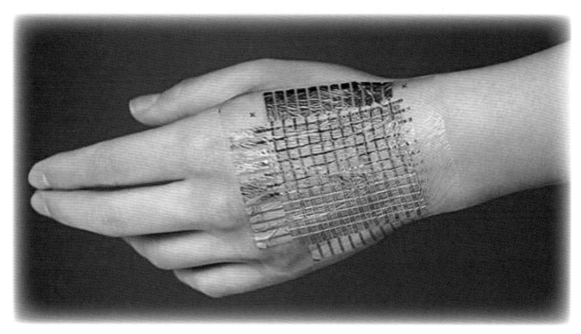

电子皮肤

神奇多样的感觉能力

人的感觉器官是极其有限的，但是生物界中却有十分丰富的感觉元件。比如，海豚的声响视觉系统，蝙蝠的超声波测位器，蛇的热视觉，某些动物具有在静电场、电磁场、热能场、紫外线磁场和其他磁场中识别方位的能力。比如，狗的嗅觉出奇灵敏，老鼠能听见超声波，蛇对振动极其敏感，等等。

动物界中这些神奇的感觉能力，可以为创造机器人新的感觉功能提供无限想象力。

传感器融合

　　机器人有许多传感器，可以对这些传感器的输出进行组合，更好地表述外部世界或机器人的状态，这种行为通常称为传感器融合。所有生物都在毫无困难地大规模使用多传感器融合，但这在机器人控制中不是一项简单的操作，把不同类型的传感器输出信号组合得到一个切实的物体状态图景，用来提供给机器人不同的信号参考，还有很多工作需要做。

　　目前，传感器融合已经有一些应用。例如，利用多传感器融合定位系统进行组合导航，可以实现优势互补，提高导航的稳定性并校正误差。又如，无人驾驶汽车的各种传感器融合使用，保障无人驾驶汽车安全行驶。

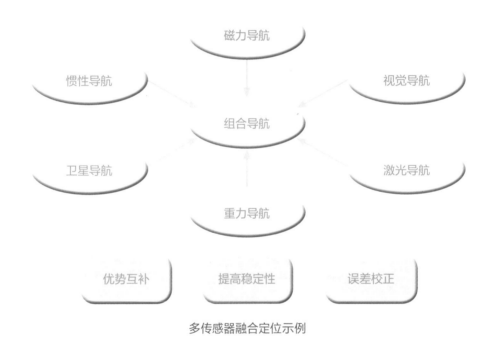

多传感器融合定位示例

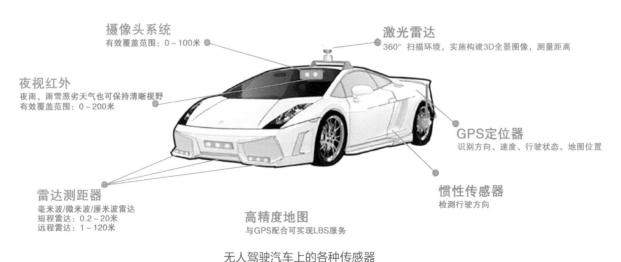

无人驾驶汽车上的各种传感器

传感器新技术

人们在传感器方面已经有了各种各样不可思议的进步，这使机器人变得前所未有的能干。其中，最有用的进展之一是毫米波辐射技术。这些传感器的工作原理和医生办公室中的 X 射线机器差不多，不过它们能收集更多更细的信息。它们不仅能探测到物体外部和内部的形状，还能区分出所探测物体的不同材质。如果用这种传感器对一名藏着一把枪的人员进行扫描，它不但能从他的骨骼中区分出枪的形状，而且会将枪描绘成与口袋里的手机不同的颜色。这类传感器已经用在机场安检中。

毫米波雷达是工作在毫米波波段的雷达，毫米波波段通常是指 30~300GHz（波长为 1~10mm）频段，与红外、激光等光学雷达相比，毫米波雷达穿透雾、烟、灰尘的能力更强，是实现自动驾驶的传感器方案中的标配。

仿人机器人之父——加藤一郎

加藤一郎在日本早稻田大学创立了加藤实验室。实验室启动了极具影响力的 WABOT 项目，在该项目中世界上第一个全尺寸人形"智能"机器人——WABOT-1 诞生。该机器人身高约 2 米，重 160 千克，包括肢体控制系统、视觉系统和对话系统，有两只手、两条腿，胸部装有两个摄像头，全身共有 26 个关节，手部还装有触觉传感器。

WABOT-1 机器人和加藤一郎

WABOT-1 可以用双脚走路，用带有触觉传感器的手抓住并移动物体，还会使用视觉和声学传感器测量距离并计算物体的方向，其会话系统允许它用日语与人进行交流。加藤一郎长期致力于研究仿人机器人，被誉为"世界仿人机器人之父"。

机器人的大脑

你将了解：

计算机的硬件和软件

计算机语言和程序的三种基本结构

机器人的控制方法和人工智能算法

　　机器人的大脑有很多种形式，可能是只有简单功能的一台小电脑，也可能是具有惊人数学能力的放满一个屋子的大型机器。但无论哪种形式，机器人的大脑应该是智能的，有自己做决策的能力。如果一台机器能够与人类对话而让人类辨别不出它的机器身份，那么就称其具有智能。理想状态下，机器人应该更加独立，不受人类的影响，能以智能的方式行事甚至具有自我意识，但是现在机器人远未达到这样的功能特性。机器人的控制系统就是计算机，它可以分为硬件和软件两个部分，下面将具体介绍。

计算机的硬件

　　大致可认为计算机的硬件由五个部分组成。

　　输入部分是把需要处理的数据和程序送入计算机的部分，如键盘或各种传感器。

　　输出部分是把计算机处理的结果输出的部分，如打印机和显示器等。在用于控制时，输出部分是电机等执行元件。

记忆部分也称为存储器，它是存储记忆输入到计算机的数据和程序的部分，可称为主存储器或内部存储器。像 U 盘或移动硬盘那样的外部存储器可认为是主存储器的扩展。

控制部分是控制整个计算机系统的部分，从存储的程序中每次读出一条指令，并按这个指令的指示控制计算机各部分工作，可以说它是整个计算机中央指令的所在地（司令部）。

运算部分是计算机的运算系统，负责计算机的逻辑运算和数学运算等。

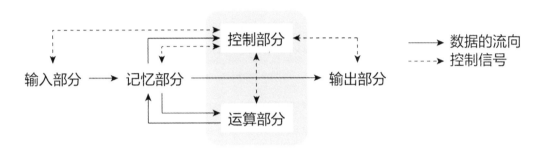

计算机硬件组成

图中实线所示是需要处理的信息——数据的流向，虚线则是根据控制部分读出的命令发出的控制信号的流向，可以说它们很像人的神经。运算部分和控制部分合起来称为中央处理装置（CPU）。

计算机的记忆力

人脑不能同时接纳很多信息，只能慢慢地接纳信息，记忆稍微复杂的文章或数字，即使好不容易记住了，很长时间不用就会忘记。与人相比，计算机拿手的是计算正确、迅速、有耐心。遇到非常复杂的计算问题，它也会立刻计算出来，即使反复几百次、几万次也不会出差错。而且只要没有从外部下达命令要它"忘掉"，它永远会牢牢记住已记下的东西。计算机具有超人的记忆力，可以在很长时间内快速地接受、分类和存贮各式各样的信息。

计算机的软件

计算机的软件部分通常被称为人工智能（简称 AI），过去一直需要科学家团队才能开发，很复杂也很昂贵。但是现在可以在线开发机器人的大脑，在互联网上有可以共享的免费资源，人们可以下载这些机器人的人工智能软件，修改这些软件做定制的机器人，或者增加功能让机器人做他们想做的任务。计算机软件可分为程序设计语言和操作系统，操作系统是管理整个计算机系统工作的一组程序，比如我们电脑上常用的 Windows 系统和 Linux 系统，手机上常用的安卓系统和苹果的 iOS 系统。而控制系统的关键技术是编程语言。

计算机的语言

人类通常使用自然语言、肢体语言和面部表情等进行沟通，而机器人是机器，只能理解机器语言。

如果我们拥有一个机器人，它具有传感器、末端执行器以及按照我们要求做事的能力，我们该如何与它进行任务交流，如何给它一组正确的指令呢？机器人编程会回答这些问题。常见的用来给机器人编程的是一种叫作 C 语言的计算机语言，学懂 C 语言的基础知识后就可以像程序员一样开发机器人了。

C 语言诞生于美国的贝尔实验室，是一种结构化语言，它有着清晰的层次，可按照模块的方式对程序进行编写，十分有利于程序的调试。这种语言在发展的同时积累了很多能直接使用的库函数，每个函数都具备特定的功能，用户可随意调用，这样就能够游刃有余地开发特定的应用程序。

计算机语言学习重点

计算机语言的"词汇量"比人类语言少多了，而且只需要"写"，可以随时查词典。

大部分计算机语言要求在语法上必须精确。标点和单词组合方式都有语法规定，例如，给某个东西命名时只能用一个单词（即单词间不能有空格），还要注意区分大小写。

计算机语言的语法和句法规律性很强，一旦掌握一些简单的概念后，就会学得很快，因此要注重基本概念、语法和句法的学习。

编程过程要养成良好的习惯，编写复杂的程序最好将函数的输入、输出和功能列个表，并有统一的规范。这样既能方便自己修改，也可在团队合作中有统一的接口。

网上高手如云，学习编程最好的方法就是模仿别人的代码，初学者可以上网查找别人的代码，然后借鉴、更改，以快速上手。

最后，还需要注意机器人的"词汇"与机器人的能力密切相关。例如，如果机器人没有设计用于举起重物的硬件，我们就不能给机器人一个举起物体的指令；如果机器人不是移动型的，我们就不能给机器人一个到某个特定位置的指令。

人工智能之父——马文·明斯基

明斯基从小对电子学和化学情有独钟。他建造了世界上第一个神经网络模拟器，能够在 40 个"代理"和一个奖励系统的帮助下穿越迷宫。他提出了"神经网络"的概念，这被认为是"人工智能"的起源。谷歌的 DeepMind 项目（曾开发出 AlphaGo 程序），用的正是神经网络这个算法。

明斯基与麦卡锡共同创建了世界上第一个人工智能实验室，该实验室直到今天依然是人工智能领域最前沿和权威的学术机构。同一年，明斯基和香农提出了用计算机控制操纵装置的设想，爱伦斯多实现了用计算机控制装置来操作放射性物质，这可以认为是现在机器人的原型。

马文·明斯基

明斯基还把人工智能技术和机器人技术结合起来，开发出了世界上最早的能够模拟人活动的机器人——Robot C，使机器人技术跃上了一个新台阶。他的另一大举措是创建了著名的"思维机公司"，开发具有智能的计算机。

他最早联合提出了"人工智能"概念，创立了人工智能学科，被尊为"人工智能之父"。明斯基被授予"计算机界的诺贝尔奖"——图灵奖，是第一位获此殊荣的人工智能学者。

程序的三种基本结构

顺序结构

顺序结构的程序设计是最简单的，只要按照解决问题的顺序写出相应的语句就行，它的执行顺序是自上而下，依次执行。

顺序结构可以独立使用构成一个简单的完整程序，常见的"输入—计算—输出"三部曲的程序就是顺序结构。例如，计算圆的面积，其程序的语句顺序就是输入圆的半径 r，计算 $S=3.14159*r*r$，输出圆的面积 S。不过大多数情况下顺序结构都是作为程序的一部分，与其他结构一起构成一个复杂的程序。

选择结构

顺序结构的程序虽然能解决计算、输出等问题，但不能做判断再选择。对于要先做判断再选择的问题就要使用选择结构，用 if 语句实现。选择结构适合于带有逻辑或关系比较等条件判断的计算。

循环结构

循环结构可以根据不同情况，分别用 goto 循环、for 循环、while 循环、do... while 循环实现。除了要在不同情况下执行不同的指令，还经常需要在一个程序中多次运行一串指令，使用 for 循环的方法就可以实现而且方便维护。

循环结构可以减少源程序重复书写的工作量，用来描述重复执行某段算法的问题，这是程序设计中最能发挥计算机特长的程序结构。四种循环可以用来处理同一问题，一般情况下它们可以互相替换。

顺序结构：

A块
B块

其中，A，B代表某种操作：如赋值语句或输出语句等。

选择结构：

其中，根据条件P的实际情况来决定具体执行A或B。

循环结构：

其中，当条件P满足时反复执行A块，条件不成立时退出并执行下一语句B块。

程序的三种结构

机器人的控制方法

机器人的控制方法一般分成集中式控制和分散式控制。

集中式控制

机器人采用集中控制的方式控制机器人的各个部件，控制系统和其他各个系统间通过模拟信号传递信息，这种传统的设计方式称作结构化设计方式。这种方法简单易懂，但是，当机器人的功能结构比较复杂时，这种设计方式就会使工作量非常大，费时又费钱。

分散式控制

在机器人中采用面向对象的方法，以每个部件为一个对象，它采用"总线 + 数字化部件"的分散式结构，将整个系统进行模块化，整个系统的各个对象模块通过总线松散耦合，对象之间通过对象的接口进行通信。比如，要增加传感器模块的功能时，只需要修改部分的软件代码并测试，不需要每次都修改所有的系统逻辑。这样能够提高系统的抗干扰性，增加可靠性。

人工智能算法

深度强化学习

在 AI 兴起的时代，机器人拥有了一种新型的学习方式——深度强化学习。所谓深度学习，简单来说就是一种让电脑"记住学习方法"的机制。比方说，我们想让人工智能认识我们喝水时会用到的水杯，于是我们让人工智能识别不同的照片，告诉它"这个是水杯""那个不是水杯"。如果利用深度学习，人类就不必教授水杯具有怎样的特征，只要在人工智能判断照片的时候告诉它是对是错，它就能自己学到辨识方法（特征）。这就是深度学习的厉害之处。

大数据和人工智能概念

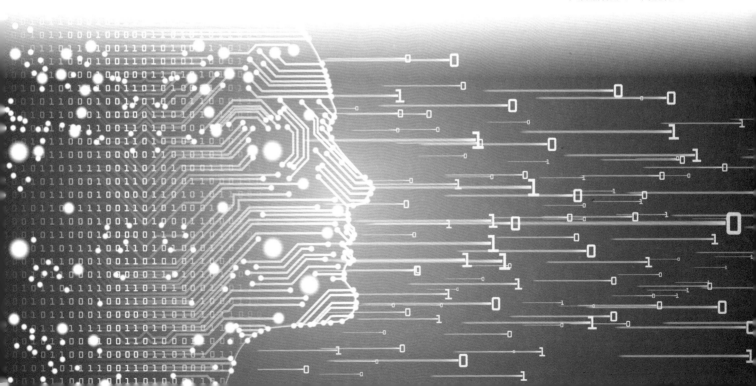

画面和图像识别

在用到画面的领域特别适合人工智能算法这种技术发挥作用。例如，根据 X 光片来进行诊断，X 光片的画面涉及数万个精细特征，人类可能难以识别，但人工智能却可以。通过对不足 1 毫米大小的图像进行识别，人工智能就能够发现癌症早期的迹象或是血管的异常状态。此外，在使用图像进行人脸识别的领域，人工智能也备受期待。例如，收集在某个公共场所的数台监控捕捉到的某个可疑人物的信息并以此建立人物画像，就可以追查到其他地方的监控拍摄到的这个人。而且令人惊奇的是，就算是这个人的背影，人工智能也可以识别。

面部识别概念的身份验证

优势、困境和发展

人工智能算法这一新方式借助通用化的神经网络表示，处理复杂的传感器输入，让机器人从自己的经验活动中直接学习行为。相比传统方式，它解放了工程设计人员的双手，不再需要程序员们手动设计机器人每一个动作的每一项精确参数。但是，现有的强化学习算法都还不能适用于有复杂系统的机器人，不足以支撑机器人在短时间内就学习到行为，另外在安全性上也难以保障。针对这种困境，2019 年初，谷歌 AI 与 UC 伯克利大学合作研发了一种新的强化学习算法 SAC。SAC 非常适合真实世界中的机器人技能学习，可以在几个小时内学会解决真实世界的机器人问题，而且它的一套超参数能够在多种不同的环境中工作，效率十分高。

 想一想

通过本章的内容，我们了解到是人类创造了机器人，并且想方设法使机器人变得越来越能干。如果你能够给机器人赋予一个超能力，你希望是什么？为什么？

4

机器人与人类社会

双足直立行走

你将了解：

双足直立行走机器人的重大意义

典型的双足直立行走机器人

无论如何，双足机器人都将是未来机器人发展的终极模式。正如密西根大学教授 Jessy Grizzle 所说"假如有一天你的腿受伤了，你会愿意换成轮子吗？"

　　要制成真正像人那样的机器人，无论如何也要研制能用两条腿稳定走路的"二足步行机器人"。在人类制造的用于移动的交通工具中，没有哪一种能打败人类自身走路用的双腿。带轮的交通工具只能在 30% 的地表运行，而带履带的交通工具也只能在约 50% 的地表活动，而人类的双腿几乎能在地表 100% 的区域行走。双足机器人可以爬楼梯、进入小升降梯、穿过小门，可以到处走动，在住宅、办公室、医院、商店等复杂空间里优于轮式或多腿行走机器人。同时，双足机器人使用安装在手臂上的手可以操作供人类使用的工具，使人形机器人更方便与人合作。

　　本田公司花了 1 亿美元建造的阿西莫机器人和人类大小差不多。还有被称为"mecha"的机器人，即大型机器人。这种机器人的优点在于，它们的腿部能使这种庞然大物跨过那些卡车无法通过的障碍。然而，腿部也是它们主要的弱点，因为机械腿制造起来相当复杂且昂贵，而且只要把机器人的腿部毁坏就能击垮"mecha"。

人形机器人阿西莫

重见聪史是本田人形机器人阿西莫（ASIMO）项目的高级工程师和项目负责人。阿西莫是最早成功模仿人类动作的机器人之一，曾成为机器人行业的一个标志。

阿西莫身高 1.2 米，体重 52 千克，白色塑料外壳加上头盔式的脑袋和后背上的电池包让它看起来就像是一个笨手笨脚的小个子人类宇航员。它可以进行开果汁、单脚跳、上下楼等行动，并能以 9 千米每小时的速度奔跑，甚至能够理解语音命令并具有面部识别能力。

阿西莫一诞生就成了舞台的宠儿，在世界各地进行表演，阿西莫能根据来人的动作和周围环境判断是应该让路还是继续向前和来人擦肩而过。另外，它已经懂得在电量低时回到充电口给自己充电了！阿西莫拥有 57 个自由度，其中头部 3 个，两只手臂各 7 个，两只手各 13 个，躯干 2 个，两条腿各 6 个。阿西莫手上新增的压力传感器让它能在不捏碎杯子的情况下拿起杯子，轻松地往纸杯里倒水。

阿西莫的设计思路是尽可能地模拟人类，比如，行走时双手会前后摇摆运动以保持平衡，它的脚上有相对较软的凸出部分用以充当脚趾的角色。阿西莫罚点球的姿势与人类非常相似。

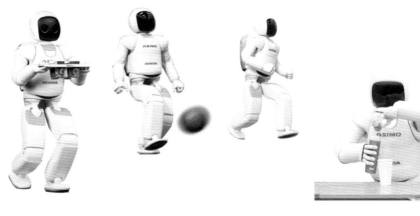

各种动作的阿西莫机器人

像人一样思考

你将了解：

击败世界顶尖围棋高手的"阿尔法狗"

智能机器人发展的四大关键要素

人类智慧的优势

第四代机器人——情感理解型机器人

击败世界顶尖围棋高手的"阿尔法狗"

2016 年 3 月，世界上屈指可数的顶尖围棋棋手李世石惜败于智能机器人"阿尔法狗"（AlphaGo）。这场比赛一共进行了 5 局，李世石的成绩是 1 胜 4 败。这样的人物被"阿尔法狗"击败，世人所受到的震撼可谓非同一般。

"阿尔法狗"的开发人员介绍，在这个人工智能的开发过程中，鲜少运用到围棋方面的知识。那么，"阿尔法狗"是如何变得这般强大的呢？其中一个最直接的原因是，"阿尔法狗"与自己进行了无数盘对弈。令人惊叹的是"阿尔法狗"的运行速度，它可以以极快的速度完成每一场比赛，在很短的时间内，就可以取得几十万局的对弈数据。"阿尔法狗"与李世石先生之间的对弈，恐怕是现在举世瞩目的智能机器人开发中的一件极具象征性的事件。

"阿尔法狗"的基础部分是通过网上 15 万局左右的人类棋谱学习得到的，据说它通过这种方法学习了近 3000 万手的局面和棋步，又通过与自己对局，收集到了在统计学上可以信赖的数据信息，从而变得更加强大。"阿尔法狗"与自己的对局数量高达 100 万局，如果让人类来做，要花一千多年才可能实现。要完成 100 万局，很多人可能会认为这是非常荒唐的一件事（对于人类来说确实如此），但是对于"阿尔法狗"来说，恐怕 10 秒之内就能下完一盘。所以如果采用 DeepMind 公司能够进行高速运算的电脑，100 万局应该是花不了多少时间的。"阿尔法狗"的软件性能之所以能取得飞跃性提升的另一个原因是应用了马尔可夫链 - 蒙特卡罗算法。这种算法就是无论方法好坏，先计算出大量可以得到结果的方法，再从中进行比较分析，选出正确的方法。这样就可以通过大致的计算获得基本正确的回答，舍弃那些明显无效的解。这种技术极大地提高了"算步"的效率，这也是"阿尔法狗"如此强大的秘密之一。

智能机器人发展的要素

智能机器人已成为世界各国的研究热点之一，成为衡量国家工业化水平的重要标志。目前，智能机器人的发展主要有赖于几大要素的相互作用。

大数据

第一个要素就是大数据。人工智能通过大量的数据来进行学习，数据越多就越强大。例如，IBM 公司在 1997 年开发的国际象棋程序"深蓝"，曾在当年的系列比赛中打败了当时的世界冠军加里·卡斯帕罗夫。当时，"深蓝"搭载了 100 万局以上的棋谱数据，每秒钟可以计算 2 亿步。利用过去的对局信息与强大的计算能力，"深蓝"用"穷举法"战胜了人类。

硬件的发展

第二个要素是硬件的发展。硬件的进步会使电脑的计算能力达到每秒百万步甚至亿步，软件自然也就变强了。举例来说，虽然"阿尔法狗"在与人对弈时所使用机器的计算能力并不是特别厉害，但是"阿尔法狗"在学习阶段使用的是谷歌的巨大计算资源，并依靠这些资源快速积累了大量的数据。

软件的发展

第三个要素是软件的发展，特别是深度学习的兴起。在模拟人脑学习方法的人工智能中，神经网络是现在最受瞩目的算法。人工智能的思维方式对人类来说是"黑箱"，特别是现在势头正旺的深度学习，这种算法的思路在于让人工智能通过大量地读取数据来做出判断。所以，不熟悉围棋规则的工程师也可以开发"阿尔法狗"。

人工智能思维的"黑箱"

　　第四个要素是互联网与物联网的出现。深度学习需要的是数以千万计的数据，以前存在如此大量数据的领域极其有限，但随着互联网和物联网设备的出现，情况发生了改变。物联网是指世界上的各种设备都拥有通信功能，可以互相通信并连接互联网的一种结构。通过这种结构，可以实现自动识别、自动防御、远程测量等功能。它甚至可以将我们的发言、拍摄的照片或是动作和心率变化都数据化，并发送给第三方。虽然在个人隐私方面，物联网的使用还存在争议，但它也是人工智能能够发展到今天并利用大量数据的重要原因之一。

人类智慧的优势

　　在某个领域学习到的知识可以应用于另一个领域，这就是人类智慧的优势。人类在任何领域都能进行学习，人类有着举一反三的能力，在一个领域学到的东西可以应用到其他领域。这是人类在漫长的历史中获得的远胜于其他生物的优势。对于现今的人工智能来说，这一点还很难做到。

　　国际象棋的程序终归只能下国际象棋，学习了国际象棋的程序并不能将其学习成果运用到其他专业领域。例如，"阿尔法狗"并不能将其学习国际象棋的成果运用到癌症的检查诊断中，医疗方面的软件也只能应用于医疗。因此，人工智能只能在自身学习的领域专业化，即使它做出的判断可以达到很高的水准。

第四代机器人——情感理解型机器人

如果第三代智能机器人可称为情感识别与表达型机器人，那么第四代机器人就是情感理解型机器人。它们能够与人类进行顺畅的语言沟通，理解人类的行为和情绪，胜任所有的体力和脑力劳动。著名物理学家米欧奇·卡库在《远景——21 世纪的科技演变》中指出，2050 年后就能制造出"具有自我意识、能够制定自己目标的机器人，而不是由人类预先给它们选定目标"。

人工情感的研究普遍受到企业和学术界的关注，很多知名公司和知名大学成立人工情感研究所。比如，开发出的机器人"小 IF"能从声音中捕捉对方情感的变化，然后表达自己高兴或悲伤的情绪；"SDR-4X"可以与人类进行多种情感交流，通过记忆和学习不断成长；"Nexi"可以对不同语言做出相应的喜、怒、哀、乐情绪反应。"情绪捕捉"软件能够捕捉并记录人们的各种面部表情，分析它们代表的情绪。截至 2008 年，荷兰科学家发明的机器人心理学家已经为 1600 多名病人提供心理咨询服务，每小时收取 5 欧元的咨询费，居然有 47% 的人表示对咨询结果感到满意。

 想一想

你认为机器人需要拥有情感吗？如果机器人拥有和人类一样的情感，是好事还是坏事？为什么？

最接近人类的机器人索菲亚

人形机器人索菲亚诞生于 2015 年。索菲亚不仅形态连面部表情的表达都非常像人。她的皮肤使用一种名叫 Frubber 的仿生皮肤材料制成，类似一种弹性橡胶，毛孔大小能达到 4~40 纳米（十亿分之一米），和人类几乎没有差别。另外，通过在眼睛和胸前安装摄像头，辅以人工智能技术，索菲亚可以感知、观察、识别身边人的动作和表情，并做出相应回应。目前，利用先进的神经网络和精巧的电机控制，索菲亚可以模拟 62 种人类表情，并模仿人类的社交行为。索菲亚可谓是最富有表现力的机器人——"最像人类的机器人"。

迪士尼前幻想工程师大卫·汉森希望用索菲亚模仿社会行为，激发人类的爱和同情等感受。索菲亚也许会让人想起《机械姬》里拥有自我意识的机器人，但事实上，到目前为止还没有机器人拥有通用人工智能或全能的人类智慧。

大卫·汉森主要负责机器人高精度仿真的面部表情，他以人类的面部运动为基础，为索菲亚设计了 60 多种面部表情。深度神经网络可以让机器人通过语气和面部表情辨别一个人的情绪，并做出相应的回应。索菲亚还能做出人类的姿势，她的代码可以生成逼真的面部动作。

索菲亚的躯体部分、自然语言处理系统、附加的娱乐功能都来自合作方。AI 研究者 Ben Goertzel 设计了索菲亚的"脑部"，在知觉、行动和对话的动态集成方面，这绝对是尖端技术。所有这些都令人叹服：这个机器人看上去像人类一样，却完全没有生命。索菲亚甚至被授予了沙特公民身份。

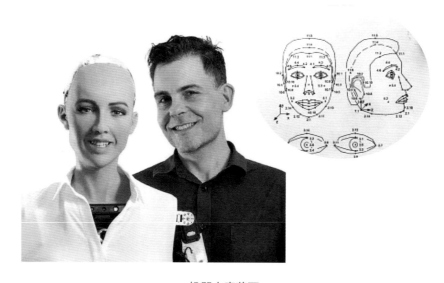

机器人索菲亚

 想一想

索菲亚被授予了沙特公民身份，是世界上首位具有公民身份的机器人。如果机器人和人一样，有国籍，有公民身份，这对于我们人类意味着什么？是好还是不好？是幸运还是不幸呢？

机器人会取代人类吗

你将了解：

机器人对人类世界带来的巨大改变

机器人是否会完全替代人类的工作

机器人改变人类世界

自古人类都是靠创造力把自己同其他动物区分开。我们的远古祖先学会了适应自然环境，建立文明。距我们较近的先辈们发现了如何破解科学的密码，甚至摆脱重力的束缚，将人类带到地球以外的地方。现在，我们正在创造一种令人兴奋的新技术，这种技术可能会改变人类在自己的世界中的角色。

我们每天都能听到关于机器人从事奇特职业的消息：机器人当消防员，机器人护理病人，机器人搞音乐，机器人当装配工。只要稍微注意观察一下，我们就会发现，机器人正在缓慢地，但却坚定地进入我们的生活。在各行各业中，不同的机器人可以提高工作的精确性，既不知疲倦也不受人类感官的局限，代替人类从事危险繁重的工作。机器人活动的广度、背景的多样性和发展速度，都大大改变了人们使用计算机技术的方式。

机器人技术越来越普及，成本越来越低，机器人体积越来越小，影像系统功能越来越强大，价格越来越低廉，发动机体积越来越小，功率越来越大，控制器的速度越来越快……所有这些都使得机器人的应用越来越广泛。有科学家预言，未来 40 年内，机器人将取代人类 50% 的工作；到

你好！机器人

本世纪末，今天 70% 的工作可能都会被自动化技术所取代。在不久的将来，机器人将是我们日常生活中不可或缺的一个组成部分。

机器人是否会完全替代人类的工作

人们关于机器人的另一个问题是：机器人会代替我的工作吗？机器人的创造和应用，是否意味着机器人可以完成所有的工作呢？未来的人们就没有工作可做了吗？这是很多人不免担忧和顾虑的事情。下面我们就来看看，果真会如此吗？

机器人能完全仿效人类的行为吗

机器人可以做所有最困难、最危险和最厌烦的工作，作为矢志不渝的工人，机器人大大优于人类。它们可以每天工作 24 小时，每周工作 7 天，年复一年永不休止地工作下去。但若要求机器人完全仿效人类的行为可就相形见绌了。

人型机器人在工作

现在的智能机器人还有着明显不擅长的领域，有些人类可以轻松完成的事，智能机器人却很难实现。比如，在陌生人家里泡茶，对于任何一个人来说都不算很难的事。家里哪里会有茶叶，哪里可能有杯子，该在哪里烧开水——这些对于人类来说，都会有大概的猜测范围，很容易就能办到。但对于智能机器人来说，就不是这么简单了。在陌生的地方，单是寻找茶叶，机器人就必须面对无数种可能的放置地点，找起来比人类要费劲多了。虽然智能机器人可以在一瞬间搞定几十万位的运算，但却做不到这么简单的事情。

机器人可以胜任人类所有的工作吗

迄今发明的机器人中，还没有一个可以完成人能做的所有工作。人具有惊人的适应能力和创造能力，人在一生当中，可以学会上千种工作。再者，人还有一套奇妙的意识综合系统和聪颖的智能系统，我们不可能完全对人类的全部或潜在的能力做出评估。最后，人类有感觉、感情和生物反应，可以帮助他人。显然，机器人不可能做尽人类要做的所有事情。机器人是人创造出来的，它的应用范围受到人类想象力和创造力的局限。

有了机器人的工作就不再需要人了吗

很多人错误地认为，在工作地点机器人将永远不再需要人的配合。事实上，机器人是机器，与其他所有机器一样，需要人去设计、制造、编程、安装、检查故障、管理、维护和修理。每种工作都需要不同程度的技能和不同种类的知识，当前机器人生产领域需要很多合格的研究应用机器人的工程师。

实际上，一方面，由于用机器人去完成危险和细致的工作，人类工作的条件和安全也能得到改进。另一方面，机器人的发展会带来更多新型的工作，诸如数据处理员、程序员、系统分析员和技术员等，新出现的职业可以弥补因使用机器人而直接失去的工作。机器人所涉及的管理、技术和专业性工作已经对我们就业的结构和认识工作的方法产生了巨大的影响。

人的创造性是最宝贵的资源之一，不应将它浪费在可以用机器去做的事情上。当然手艺和技巧仍是人的思想、技能和创造性的重要表现。我们必须尽可能有效利用人和机器这两类资源，提高国家的竞争力。

未来机器人和人类的关系

你将了解：

和人类平等工作的机器人鼓手——黑尔

什么决定机器人是"天使"还是"魔鬼"

人类的"阿拉丁神灯"

平等工作的同伴——黑尔

机器人鼓手黑尔代表着未来最有可能出现的机器人与人类之间关系的发展趋势，黑尔是第一个不仅能自己演奏音乐，而且还能听懂人类音乐家的表演并和他们互动，共同创作新音乐的机器人。黑尔已经开了它的个人全球巡回演唱会，去了以色列、德国、法国。机器人在人类团队中成为平等的同伴，共同工作。

"天使"还是"魔鬼"

机器人有着以往任何机械都未曾有过的传奇故事。这些故事，虽然不能与科幻小说中异乎寻常地把机器人描写成的模拟人相提并论，但是即使对于不了解机器人的人来说，也可以认识到机器人将会永远存在下去。机器人只是忠实地再现由人所规定范围之内的事情，即使出现了能够自行判断和学习的"智能机器人"，这种范围也是已知的。在完全无人化的工厂里生产汽车，对于机器人来说制造一辆汽车和制造一千辆汽车也是完全相同，那里的技术进步也就停止了。技术的进步，是在现场的人经常不断地倾注精力尽心改进的结果。反过来说，如果让机器去进行犯罪活动，那么它就成了"魔鬼的礼物"。总而言之，机器人的主人毕竟是人，让机器人为人类造福还是成为魔鬼，则取决于人的意志。

人类的"阿拉丁神灯"

我们大家或许都曾遐想过：如果自己有一盏阿拉丁神灯，我们是让它为我们的想入非非而耗费能量，还是明智地利用它的神通来做一些造福人类而永世长存的事情？在许多方面，机器人也许将成为我们这一代人的"神灯"。它的能力使我们富足、悠闲和舒适，不过，它实际上能做到什么程度，还得看我们怎样合理而有效地利用它。应用机器人的最终目标永远应该是帮助人类而不是伤害人类。未来机器人将给我们带来一个振奋人心的前景。"幻想"正在成为我们眼前的常事，而科学预测正在赶超幻想。

 想一想

在我们的生产和生活中，机器人可以说已经无处不在，并且它们越来越聪明、越来越智能。在享受着机器人带来便捷的同时，你是否想过：机器人最终会超越人类吗？它们会不会像《黑客帝国》中的矩阵一样，成为人类的统治者？

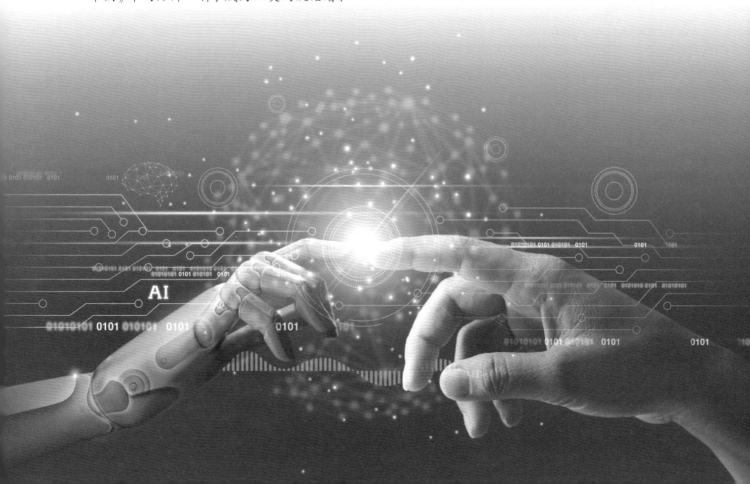

实践拓展：自己动手做小机器人

会自己躲避障碍物的小车

导语：玩具车可以说是小朋友们最喜欢的玩具之一了，你想拥有一辆能够自己乖乖地躲避障碍物的玩具小车吗？让我们一起动手，自己做一辆吧！

实验注意事项：实验过程中需要教师或家长全程陪同指导，以确保安全。

第一步：准备材料

首先，需要把图中的材料都准备好。

直流电机：为轮子提供动力，让轮子转起来。

arduino 开发板：连接硬件和软件的桥梁，能把编译好的代码转换为信号，对硬件发出指令。

超声波模块：测量距离，通过发送和接收超声波，利用时间差和声音传播速度，计算出模块到前方障碍物的距离。

电机驱动板：驱动直流电机。

面包板：连接各个部件的中转站，是用于搭接电路的重要工具。

杜邦线：导线。

电池组：给小车供电。

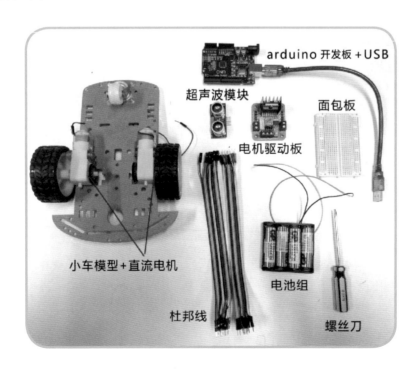

第二步: 安装电机和电机驱动板

首先在教师或家长的帮助下将黄色的两个电机安装在小车底部，轴与轮子相连，这样电机转动时才能带动车轮转动。

光有电机还不够，还需要驱动板给电机提供动力，带动电机转起来，这样小车才能往前跑，所以我们还要连接电机驱动板。

接线方式:

OUTA、OUTB: 电机输出端口 A、B，与左边车轮的直流电机的两条导线相连；

OUTC、OUTD: 电机输出端口 C、D，与右边车轮的直流电机的两条导线相连。

第三步: 连接驱动电机和 arduino 开发板

之后还需要对其他部件进行连线，为了不让导线变乱，可以借助面包板，把所有需要连接的线在面包板上进行连接，连接在相对应的面包板的正负极上。

接线方式:

VCC、+5V: 都是提供工作电压的，所以把这两个接口与面包板的正极相连；

GND: 接地端，与面包板负极相连。

第四步: 连接 arduino 开发板

需要通过 arduino 开发板把编译好的代码传输到硬件上，从而使驱动电机带动车轮做出相应的反应。

接线方式:

5V: 供电端，与面包板正极相连；

GND: 接地端，与面包板负极相连。

第五步：连接超声波模块

接下来，就要把"车头"——超声波模块装上啦。当"车头"检测到前方障碍物小于一定距离时，就可以改变轮子的转向，让小车避开障碍，换条路线继续向前。

接线方式：

VCC：电源端，把它连接到面包板正极；

GND：地线端，连接到面包板负极；

TRIG：控制端，用于信号输入，把它与开发板的数字端口 8 号口相连；

ECHO：接收端，用于信号输出，把它与开发板的数字端口 9 号口相连。

第六步：将电机驱动信号输出口与开发板数字口连接

前面的都搭建好以后，就到了至关重要的一步，将程序里对左右车轮的控制信号通过开发板的信号端口传到电机驱动器，再分别将信号传输到两个轮子上。

接线方式：

TNA、TNB、TNC、TND：电机驱动板的信号输入口，用四根导线把电机驱动板和 arduino 开发板相连。TNA、TNB 控制左轮，与 arduino 开发板的 6、7 口相连，TNC、TND 控制右轮，与 arduino 开发板的 4、5 口相连。

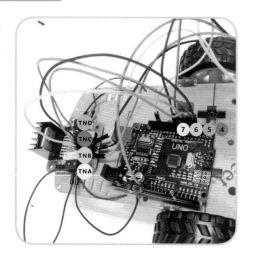

第七步：连接电源

前面我们已经把所有部件都连接好了，现在只需要给小车通上电源，就可以驱动小车。

接线方式：

电源正极：连到面包板的正极；

电源负极：连到面包板的负极。

第八步：代码编译

把小车部件组装完以后，就需要对控制小车的代码进行编写了。我们用到的编程软件是 Arduino IDE，是 arduino 的集成开发环境。编写完成后，需要对所编写的代码进行验证，点击第一个"√"，就可以对所编写的代码进行编译了。当屏幕下方显示"编译完成"，就可以准备将代码传入 arduino 开发板了。

注意：编写代码时要对应好之前所连接的导线的引脚。

xiaoche | Arduino 1.8.10

文件 编辑 项目 工具 帮助

xiaoche

```
int trigPin = 8;
int echoPin = 9;
int revleft4 = 4;
int fwdleft5 = 5;
int revright2 = 6;
int fwdright3 = 7;
float cm=0;
void setup() {
pinMode(revleft4, OUTPUT);
pinMode(fwdleft5, OUTPUT);
pinMode(revright2, OUTPUT);
pinMode(fwdright3, OUTPUT);
pinMode(trigPin, OUTPUT);
pinMode(echoPin, INPUT);
Serial.begin(9600);
}
void loop() {
digitalWrite(trigPin, LOW);
delayMicroseconds(2);
digitalWrite(trigPin, HIGH);
delayMicroseconds(10);
digitalWrite(trigPin,LOW);
cm= pulseIn(echoPin, HIGH)/58.0;
Serial.println(cm);
//distance = duration / 58.2;
//delay(10);
    if (cm >20)

            {
```

编译完成。

项目使用了 4232 字节，占用了 (13%) 程序存储空间。最大为 32256 字节。
全局变量使用了204字节，(9%)的动态内存，余留1844字节局部变量。最大为2048字节。

你好！机器人

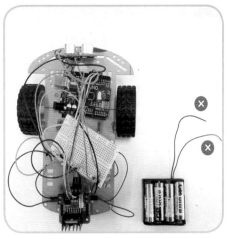

第九步：代码传输

代码编译完成后，我们需要把代码传输到开发板上，用 USB 数据线连接 arduino 开发板和电脑，进行数据的传输。

第十步：完成

大功告成！同学们可以根据自己的喜好把小车装饰成酷炫的样子。注意要把超声波模块放在车头哦，然后只要把小车放在地面上，小车就会自己往前行走了，当碰到障碍物时，小车会停下并且换条路线行走。听起来是不是很有趣，快来试试看吧！

第十一步：让小车停下

同学们，如果不想玩了，想让小车停下来，只要把电池的连线断开就可以。没有电池提供动力，小车自然会停下啦！

```
程序代码
int trigPin = 8;
int echoPin = 9;
int revleft4 = 4;
int fwdleft5 = 5;
int revright2 = 6;
int fwdright3 = 7;
float cm=0;
void setup（）{
pinMode（revleft4，OUTPUT）；
pinMode（fwdleft5，OUTPUT）；
pinMode（revright2，OUTPUT）；
pinMode（fwdright3，OUTPUT）；
pinMode（trigPin，OUTPUT）；
pinMode（echoPin，INPUT）；
Serial.begin（9600）；
}
```

```
void loop（ ）{
digitalWrite（trigPin，LOW）;
delayMicroseconds（2）;
digitalWrite（trigPin，HIGH）;
delayMicroseconds（10）;
digitalWrite（trigPin，LOW）;
cm= pulseIn（echoPin，HIGH）/58.0;
Serial.println（cm）;
  if（cm >20）
        {
      digitalWrite（fwdright3，HIGH）;
      digitalWrite（revright2，LOW）;
      digitalWrite（fwdleft5，HIGH）;
      digitalWrite（revleft4，LOW）;
        }
   if（cm <=20）
        {
      digitalWrite（fwdright3，LOW）;
      digitalWrite（revright2，LOW）;
      digitalWrite（fwdleft5，LOW）;
      digitalWrite（revleft4，LOW）;
      delay（500）;
      digitalWrite（fwdright3，LOW）;
      digitalWrite（revright2，HIGH）;
      digitalWrite（fwdleft5，LOW）;
      digitalWrite（revleft4，HIGH）;
      delay（500）;
      digitalWrite（fwdright3，LOW）;
      digitalWrite（revright2，LOW）;
      digitalWrite（fwdleft5，LOW）;
      digitalWrite（revleft4，LOW）;
      delay（100）;
      digitalWrite（fwdright3，HIGH）;
      digitalWrite（revright2，LOW）;
      digitalWrite（revleft4，LOW）;
      digitalWrite（fwdleft5，HIGH）;
      delay（500）;
      } }
```

你好！机器人

通过蓝牙用手机遥控小车移动

导语：小朋友们，现在有越来越多的东西都可以用智能手机来控制，你有没有想过通过我们的手机来控制小车移动呢？这需要借助一个模块——蓝牙传输模块，接下来，就让我们自己动手做一个吧！

实验注意事项：实验过程中需要教师或家长全程陪同指导，以确保安全。

第一步：准备材料

首先，我们需要把图中的材料都准备好。

直流电机：为轮子提供动力，让轮子转起来。

arduino 开发板：连接硬件和软件的桥梁，能把编译好的代码转换为信号，对硬件发出指令。

蓝牙模块：用于短距离无线通信，能够让手机控制小车移动。

电机驱动板：驱动直流电机。

面包板：连接各个部件的中转站，是用于搭接电路的重要工具。

杜邦线：导线。

电池组：给小车供电。

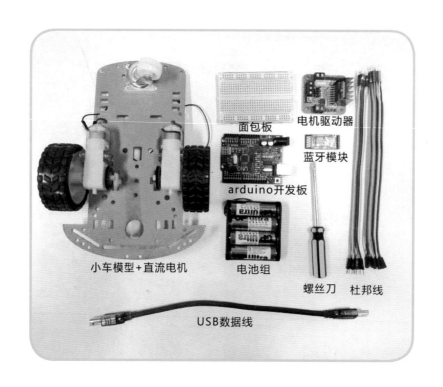

第二步：安装电机和电机驱动板

首先在教师或家长的帮助下将黄色的两个电机安装在小车底部，轴与轮子相连，这样电机转动的时候才能带动车轮转动。

光有电机还不够，还需要驱动板给电机提供动力，带动电机转起来，这样小车才能往前跑。

接线方式：

OUTA、OUTB：电机输出端口 A、B，与左边车轮的直流电机的两条导线相连；

OUTC、OUTD：电机输出端口 C、D，与右边车轮的直流电机的两条导线相连。

第三步：连接 arduino 开发板和驱动电机

我们只需把编译好的代码传输到开发板上，开发板就能将信号指令通过导线传给驱动电机，驱动电机就可以带动车轮做出相应的反应。

这里需要借助面包板，我们可以把线连接在面包板相对应的正负极上。

接线方式：

VCC、+5V：都是提供工作电压的，所以把这两个接口与面包板的正极相连；

GND：接地端，与面包板的负极相连。

第四步：将电机驱动信号输出口与开发板数字口连接

还需要将电机驱动信号输出口与开发板数字口连接，这样我们的电机驱动板就连接完成了。

接线方式：

TNA、TNB：控制左轮，与 arduino 开发板的 6、7 口相连；

TNC、TND：控制右轮，与 arduino 开发板的 4、5 口相连。

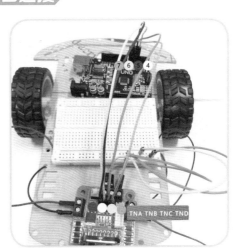

第五步：连接 arduino 开发板与面包板

刚才我们在电机驱动板和面包板之间连接了很多条导线，我们还需把这些导线再统一连接在一起，通过一个引脚统一连接到我们的开发板上。

接线方式：

GND：与面包板负极相连；

+5V：与面包板正极相连。

第六步：连接蓝牙模块

接下来，我们需要用到蓝牙模块，来实现短距离无线传输。接上蓝牙模块，我们就可以把手机当成遥控器，操控小车移动了。

接线方式：

VCC：电源端，把它连接到面包板正极；

GND：地线端，连接到面包板负极；

TX：为输出口，与开发板的输入端 RX 端相连；

RX：为输入口，与开发板的输出口 TX 端相连。

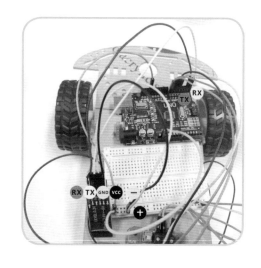

第七步：连接电源

前面我们已经把所有部件都连接好了，现在只需要给小车通上电源，就可以驱动小车了。

接线方式：

电源正极：连到面包板的正极；

电源负极：连到面包板的负极。

第八步：代码编译

把小车部件组装完以后，就需要对控制小车的代码进行编写了。我们用到的编程软件是 Arduino IDE，是 arduino 的集成开发环境。编写完成后，需要对所编写的代码进行验证，点击第一个"√"，就可以对所编写的代码进行编译了。当屏幕下方显示"编译完成"，就可以准备将代码传入 arduino 开发板了。

注意：编写代码时要对应好之前所连接的导线的引脚。

sketch_dec04b | Arduino 1.8.10

文件 编辑 项目 工具 帮助

✓ → 验证

sketch_dec04b

```
pinMode(revleft4, OUTPUT);
pinMode(fwdleft5, OUTPUT);
pinMode(revright6, OUTPUT);
pinMode(fwdright7, OUTPUT);
Serial.begin(9600);
}
void loop() {
while(Serial.available()) {
val = Serial.read();
  }
  if (val == 'A'){
          digitalWrite(fwdright7, HIGH);
          digitalWrite(revright6, LOW);
          digitalWrite(fwdleft5, LOW);
          digitalWrite(revleft4, HIGH);
    }

  if (val == 'D'){
          digitalWrite(fwdright7, LOW);
          digitalWrite(revright6, HIGH);
          digitalWrite(fwdleft5, HIGH);
          digitalWrite(revleft4, LOW);
    }

  if (val == 'W'){
          digitalWrite(fwdright7, LOW);
          digitalWrite(revright6, HIGH);
          digitalWrite(fwdleft5, LOW);
          digitalWrite(revleft4, HIGH);
    }
```

编译完成。

项目使用了 1930 字节，占用了 (5%) 程序存储空间。最大为 32256 字节。
全局变量使用了187字节，(9%)的动态内存，余留1861字节局部变量。最大为2048字节。

第九步：代码传输

代码编译完成后，需要把代码传输到开发板上，用 USB 数据线连接 arduino 开发板和电脑，进行数据的传输。

注意在传输时需要把蓝牙模块的 TX、RX 连线断开，因为 arduino 开发板与电脑和蓝牙模块通信都使用串口 TX、RX，如果同时操作会产生冲突。

第十步：下载蓝牙串口工具

传输完代码后，我们再把蓝牙模块的 RX、TX 接口接上。在手机里下载"SPP 蓝牙串口工具"，安装完成后打开"SPP 蓝牙串口工具"，并开启手机蓝牙。再点开右上角的"搜索"工具开始搜索蓝牙设备。

第十一步：蓝牙模块连接

一般情况下，蓝牙模块默认命名为"HC-05"或"HC-06"，默认密码为"1234"或"0000"。找到对应的蓝牙模块进行对接就好啦。

第十二步：输入、编辑控制指令

蓝牙模块连接好以后，就要输入我们预设好的控制指令了。打开"键盘"面板，打开"编辑"，再点击任意方块的空白处，就可以输入我们想要的指令了。

第十三步：编辑控制指令

在输入框中输入相应指令。其中，A代表前进、D代表后退、W代表左转、S代表右转、P代表停下。

第十四步：完成指令输入

指令都输入完成后，在界面上便会出现这些操作按钮了。关闭"编辑"选项，这个界面就变成了我们的遥控面板。

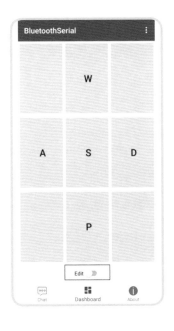

第十五步：完成指令输入

接下来，你就可以通过这些按钮遥控小车，给小车发送指令。想让小车怎么走，小车就能怎么走啦！快来试试看吧！

程序代码

```
#include <SoftwareSerial.h>
char val;
int revleft4 = 4;
int fwdleft5 = 5;
int revright6 = 6;
int fwdright7 = 7;
void setup ( ){
 pinMode ( revleft4, OUTPUT );
pinMode ( fwdleft5, OUTPUT );
pinMode ( revright6, OUTPUT );
pinMode ( fwdright7, OUTPUT );
Serial.begin ( 9600 );
}
void loop ( ){
while ( Serial.available ( )){
val = Serial.read ( );
 }
  if( val == 'A' ){
        digitalWrite ( fwdright7, HIGH );
        digitalWrite ( revright6, LOW );
        digitalWrite ( fwdleft5, LOW );
        digitalWrite ( revleft4, HIGH );
    }
  if( val == 'D' ){
        digitalWrite ( fwdright7, LOW );
        digitalWrite ( revright6, HIGH );
        digitalWrite ( fwdleft5, HIGH );
        digitalWrite ( revleft4, LOW );
    }
if( val == 'W' ){
        digitalWrite ( fwdright7, LOW );
        digitalWrite ( revright6, HIGH );
        digitalWrite ( fwdleft5, LOW );
        digitalWrite ( revleft4, HIGH );
    }

    if( val == 'S' ){
        digitalWrite ( fwdright7, HIGH );
```

```
            digitalWrite（revright6, LOW）;
            digitalWrite（fwdleft5, HIGH）;
            digitalWrite（revleft4, LOW）;
        }
    if（val == 'P'）{
            digitalWrite（fwdright7, LOW）;
            digitalWrite（revright6, LOW）;
            digitalWrite（fwdleft5, LOW）;
            digitalWrite（revleft4, LOW）;
        }


    }
```

机器人套件与乐高机器人

　　DIY 工具让几乎每个人都可以获得机器人，包括一些高级的系统。业余爱好者甚至还制造出了续航里程远、定位精确的无人机。1998 年丹麦乐高公司就开始推出机器人（Mind-storms）套件，让机器人制造变得跟搭积木一样，相对简单又能任意拼装，使小朋友也可以自己制作机器人。

　　网上也有各种不同的机器人套件可以购买，按照里面的说明书可以完成特定的功能，还可以自己扩展、组合出新的功能，有兴趣有条件的同学可以动手实验，一定会乐趣无穷。

丛书主编简介

褚君浩，半导体物理专家，中国科学院院士，中国科学院上海技术物理研究所研究员，华东师范大学教授，《红外与毫米波学报》主编。获得国家自然科学奖三次。2014年评为"十佳全国优秀科技工作者"，2017年获首届全国创新争先奖章。

本书作者简介

李桂琴，上海大学上海市智能制造与机器人重点实验室副教授，博士生导师，西北工业大学航空宇航制造工程专业博士毕业，曾两次被邀为法国格勒诺布尔大学访问教授。先后获上海市教学成果一等奖、上海大学教学成果特等奖、上汽技术创新奖、中国包装总公司科学技术奖。中国图学学会计算机图学专委会委员，上海市人工智能技术协会专家委委员。

关于本书版权事宜的启事

本书中所涉及文字作品、美术作品、摄影作品等大部分已获得授权，但因条件限制有些仍未能联系到原作者。请这些作者看到本书后直接与上海教育出版社联系，以便寄上样书和稿酬。

图书在版编目（CIP）数据

你好！机器人 / 李桂琴编著. — 上海：上海教育出版社, 2020.7（2022.11重印）
（"科学起跑线"丛书 / 褚君浩主编）
ISBN 978-7-5720-0174-1

Ⅰ.①你… Ⅱ.①李… Ⅲ.①机器人 – 青少年读物
Ⅳ.①TP242-49

中国版本图书馆CIP数据核字(2020)第116681号

策 划 人　刘　芳　公雯雯　周琛溢
责任编辑　茶文琼　公雯雯
书籍设计　陆　弦

"科学起跑线"丛书
你好！机器人
李桂琴　编著

出版发行　上海教育出版社有限公司
官　　网　www.seph.com.cn
地　　址　上海市闵行区号景路159弄C座
邮　　编　201101
印　　刷　上海雅昌艺术印刷有限公司
开　　本　889×1194　1/16　印张 8.5
字　　数　182 千字
版　　次　2020年7月第1版
印　　次　2022年11月第2次印刷
书　　号　ISBN 978-7-5720-0174-1/G·0136
定　　价　58.00 元

如发现质量问题，读者可向本社调换　电话：021-64373213